中原工学院学术专著出版基金资助

双层幕墙抗风节能一体化研究

惠 存　李纪明　海 然　柳明亮　著
王元清　主 审

中国建材工业出版社
北　京

图书在版编目（CIP）数据

双层幕墙抗风节能一体化研究/惠存等著．--北京：中国建材工业出版社，2025.4
ISBN 978-7-5160-3606-8

Ⅰ.①双… Ⅱ.①惠… Ⅲ.①幕墙—抗风结构—研究 ②幕墙—节能设计—研究 Ⅳ.①TU227

中国版本图书馆 CIP 数据核字（2022）第 218536 号

双层幕墙抗风节能一体化研究
SHUANGCENG MUQIANG KANGFENG JIENENG YITIHUA YANJIU
惠 存 李纪明 海 然 柳明亮 著
王元清 主 审

出版发行：中国建材工业出版社
地　　址：北京市西城区白纸坊东街 2 号院 6 号楼
邮　　编：100054
经　　销：全国各地新华书店
印　　刷：万卷书坊印刷（天津）有限公司
开　　本：787mm×1092mm　1/16
印　　张：8
字　　数：220 千字
版　　次：2025 年 4 月第 1 版
印　　次：2025 年 4 月第 1 次
定　　价：48.00 元

本社网址：www.jskjcbs.com，微信公众号：zgjskjcbs
请选用正版图书，采购、销售盗版图书属违法行为
版权专有，盗版必究。本社法律顾问：北京天驰君泰律师事务所，张杰律师
举报信箱：zhangjie@tiantailaw.com　举报电话：（010）63567684
本书如有印装质量问题，由我社事业发展中心负责调换，联系电话：（010）63567692

前　　言

2020年，我国明确提出"双碳"战略，而建筑全生命周期碳排放占全国碳排放总量的50％以上，这就要求建筑行业朝着绿色、低碳和节能的方向发展。玻璃幕墙以其简洁通透的外观效果给人以充满时代气息和技术力量的印象，广泛应用于体育馆、机场、商场和写字楼等公共建筑中。单层玻璃幕墙在建筑节能方面的不足，促进了双层玻璃幕墙快速发展。

双层幕墙作为一种新型智能幕墙结构，不仅可以减少建筑能耗，提升室内环境质量，而且能主动利用自然能，提高能源利用效率，代表幕墙技术新的发展方向。随着双层幕墙的大量使用，对双层幕墙的抗风承载性能和节能效果进行准确分析研究，已成为建筑业节能减排的重要一环。

本书分为7章：第1章介绍了玻璃幕墙的发展现状；第2章分析了单层玻璃和中空玻璃的传热过程，并建立了传热系数计算模型；第3章通过建立双层幕墙标准模型，分析了冬季和夏季条件下不同工况的双层幕墙热工性能，并优化了设计参数；第4章对不同设计参数的双层幕墙进行了优化分析；第5章和第6章分别对不同构造的单根幕墙立柱和单元体幕墙承载性能进行了系统的试验研究和有限元分析；第7章对不同构造和理论分析，通过对比中、美、英三国铝合金结构设计规范，对比分析了开口截面铝合金立柱的极限承载力，并对其计算方法进行了合理修正。其中，第1章由陕西省建筑科学研究院有限公司李纪明撰写，第2章由中原工学院海然撰写，第3~6章由中原工学院惠存撰写，第7章由陕西省建筑科学研究院柳明亮撰写，全书由惠存统稿。

在本书的成书过程中，我们由衷感谢中国博士后科学基金会、北京市博士后基金会和江河创建集团股份有限公司等单位的资助和支持，感谢清华大学王元清教授在本书撰写过程中提出的宝贵意见并审定全文，感谢江河创建集团股份有限公司于军、韩维池、王斌、郑胜林、李永春等人的指导和帮助。

由于作者水平所限，书中难免存在不妥之处，恳请读者批评指正。

著者
2024年12月

目 录

1 绪论 ·· 1
    1.1 研究意义 ·· 1
    1.2 国内外研究现状 ·· 2
    1.3 本书主要研究内容 ··· 7

2 玻璃传热过程及 U 值影响因素分析 ·· 9
    2.1 基本原理 ·· 9
    2.2 单层玻璃 ·· 10
    2.3 中空玻璃 ·· 13
    2.4 小结 ··· 17

3 内循环双层幕墙标准模型热工性能评价 ··· 18
    3.1 内循环双层幕墙标准模型的建立 ·· 18
    3.2 冬季工况分析结果 ··· 20
    3.3 夏季工况分析结果 ··· 27
    3.4 小结 ··· 34

4 内循环双层幕墙热工性能影响因素分析 ··· 35
    4.1 模型建立 ·· 35
    4.2 分析结果 ·· 36
    4.3 设计建议 ·· 69
    4.4 小结 ··· 70

5 开口截面立柱受力性能试验研究与分析 ··· 72
    5.1 开口截面型材特点 ··· 72
    5.2 单根立柱试验 ··· 73
    5.3 单元体加压腔试验 ··· 79
    5.4 单元体破坏试验 ·· 84
    5.5 小结 ··· 90

6 开口截面立柱有限元数值模拟 ·· 91
    6.1 单元体幕墙公母立柱协同工作性能分析 ·· 91

	6.2 单根立柱有限元分析	97
	6.3 单元体加压腔有限元分析	100
	6.4 小结	106
7	**开口截面立柱承载力计算方法研究**	**107**
	7.1 中英美规范计算方法对比	107
	7.2 修正承载力计算方法	112
	7.3 小结	116
参考文献		**117**

1 绪　　论

1.1　研究意义

玻璃幕墙围护结构以其简洁通透的外观效果给人以赋有时代气息和技术力量的印象，因而吸引了众多建筑师以此来表达自己对现代建筑设计的理解和追求，也使诸多企业以此来展示公司雄厚的实力、透明开放的文化，达到了提高建筑美观的效果[1]。

在"绿色建筑"理论以及建筑设计理念快速发展的当下，人们认识到建筑的舒适性绝不仅仅产生于空间的建造和外观的设计，不再单一地考虑美学、空间利用、形式、结构等问题，而是从更为理性、更为长远的角度出发，朝着绿色、低碳和可持续的方向发展。

1.1.1　城市化和现代化发展的重大需求

随着我国城市化率的迅速提高，为解决用地矛盾，我国各大中型城市均在大力发展高层和超高层建筑（图1-1）。出于建筑外观等因素的考量，这些建筑大量采用玻璃幕墙、外挂石材等作为围护结构。一旦遭遇强地震，这些围护结构可能会发生破坏并脱落。而高层建筑多位于城市中心地区，人口稠密，围护结构的脱落将导致严重的次生灾害。目前，高层建筑主体结构的抗风设防技术已经成熟，但针对围护结构的抗风技术研究尚有不足。因此，研发高层建筑围护结构抗风新技术已成新焦点。

(a) 央视大楼

(b) 中石油大厦

图1-1　高层建筑围护结构

1.1.2　绿色建筑与节能减排的重大需求

《"十四五"建筑节能与绿色建筑发展规划》明确，到2025年，城镇新建建筑全面建成绿色建筑，建筑能源利用效率稳步提升，建筑用能结构逐步优化，建筑能耗和碳排放增长趋势得到有效控制,基本形成绿色、低碳、循环的建设发展方式,为城乡建设领域 2030 年前碳达峰奠定坚实基础。

规划提出,到 2035 年,完成既有建筑节能改造面积 3.5 亿平方米以上,建设超低能耗、近零能耗建筑 0.5 亿平方米以上,装配式建筑占当年城镇新建建筑的比例达到 30%,全国新增建筑太阳能光伏装机容量 0.5 亿千瓦以上,地热能建筑应用面积 1 亿平方米以上,城镇建筑可再生能源替代率达到 8%,建筑能耗中电力消费比例超过 55%。

1.1.3 可持续发展的战略需求

我国与许多同纬度发达国家相比,冬天气候更寒冷,夏天气候更湿热。在这种气候环境下,我国建筑围护结构的保温隔热性能却与发达国家差距很大。墙体、屋顶和门窗的单位面积传热量是气候相近发达国家的 2~5 倍,单位建筑面积的采暖耗能是发达国家的 3 倍,建筑用能浪费极为严重[2]。

面对有限的能源,建筑节能已成为当今世界各国普遍关注的问题[3]。建筑节能是贯彻可持续发展战略的重要组成部分,是发展国民经济、有效利用资源、改善建筑热环境、提高建筑功能和舒适性水平、保护生态环境、实现我国宏观发展战略目标的需求,也是今后相当长时间内建筑科学技术的一个新亮点。可见,抗风节能围护结构与生态建材协调发展,具有广阔的应用前景。

1.1.4 抗风与节能一体化新技术的需求

有关建筑围护结构抗风研究和建筑节能的研究,以往各自单独进行得较多,出现了建筑结构建成后又进行节能改造的浪费现象。随着城市化建设的快速发展,急需研发新型抗风节能的外围护结构体系,并进行工程示范与推广应用。

综上所述,研发抗风节能一体化的建筑围护结构新体系,是城市化建设、建筑防震减灾和节能减排的重要课题。

1.2 国内外研究现状

在玻璃幕墙发展的初期,人们追求的是玻璃幕墙多变的造型和采光效果,但是在这些功能的背后却是较差的室内热环境和较高的空调能耗。王振(2003 年)对湖北剧院(图 1-2)夏季室内热环境进行实测[4],其研究结果表明,尽管大片玻璃幕墙朝东,建筑内部仍然非常闷热,舒适度较差。

双层玻璃幕墙(Double-Skin Facade,DSF)作为改变这种现状的一种探索,其概念雏形在 20 世纪 20 年代就诞生了,遮阳帘置于两层玻璃幕墙之间的通道中,以通风方式排走遮阳帘吸收并释放到通道中的热量,既保持了建筑平整、通透的外观,也大大提高了遮阳效果。在 20 世纪 80 年代后期和 90 年代,DSF 得到了更多实践。主要原因是:(1)能源危机和气候变化引起了全球性重视,建筑节能和建筑可持续性研究蓬勃发展;(2)计算机硬件和软件的不断进步,为研究 DSF 中复杂的传热和空气流动提供了新工具,如计算流体动力学(Computational Fluid Dynamics,CFD)和动态热模拟等技术。

图 1-2 湖北剧院

现代意义上的 DSF 有以下重要特征：两层玻璃幕墙之间为一条通道，其宽度依幕墙类型从 0.2m 到 1.5m 不等；通常，两层幕墙当中主要的一层采用隔热玻璃，而另外一层采用单层玻璃，位于主要幕墙的外侧或内侧；通道内设置有可调节的遮阳和导光构件；通道在供暖季节保持封闭可提高幕墙的保温效果，在供冷季节以自然或机械的方式通风带走其中的热量[5]。

1.2.1 幕墙结构受力性能研究现状及分析

铝合金结构具有自重轻，强度较高，建成后无需维护、易回收、外观效果好等优点，在某些工程结构中具有很强的竞争力。近年来，随着材料性能、加工工艺、连接技术的发展和工程造价的降低，铝合金结构在国内外建筑结构中的应用日益广泛。

1. 国内研究现状及分析

沈祖炎等总结了国内外在铝合金结构材料特性、构件设计、节点连接和结构体系等多方面的研究现状[6]；吴亚舸等采用数值分析与试验相结合的手段研究了铝合金梁弯扭稳定系数的计算问题[7]；张其林等对国家标准《铝合金结构设计规范》（GB 50429—2007）中若干重要概念、理论和试验研究成果进行了综述，给出了铝合金焊接及紧固件连接的计算假定和依据，解释了考虑铝合金截面屈曲后强度和焊接热影响效应的有效厚度法计算理论和相应的有效截面计算方法，阐述了铝合金面板中面板与支托的计算方法[8]；罗小燕等运用 ANSYS 软件对常用的铝合金挤压型材偏心压杆的平面内稳定承载力进行了研究，分析了不同长细比和偏心率杆件的稳定性能，并讨论了残余应力与初弯曲对杆件承载力的影响[9]；张铮等以长细比和荷载偏心率为主要参数，测试了 13 个 H 形截面铝合金挤压型材偏心受压试件的稳定承载力，并采用数值方法对其进行了非线性稳定性计算，其计算结果得到了试验结果的验证[10]；石永久、王元清等不仅分析了铝合金薄腹板梁的抗剪强度[11]和铝合金材料非线性对受弯构件变形的影响[12-13]，而且对铝合金网壳结构中的节点受力性能进行了试验研究和有限元分析[14]；翟希梅等研究了高强铝合金轴心受压构件数值模拟，并与试验结果进行对比分析[15]。

2. 国外研究现状及分析

Clark 等对铝合金梁、板、柱构件的弯曲和侧扭屈曲性能进行了试验和理论研究[16-17]；Mazzolani 和 Matteis 等对铝合金梁的扭转性能和影响铝合金梁截面分类的参数进行了分析研究[18-19]。

综上所述，这些研究大都是针对一般铝合金结构，专门针对单元体幕墙开口截面铝合金型材的稳定性计算方法和试验研究还很欠缺。幕墙设计中的开口截面铝合金型材、钢结构、玻璃肋等结构构件的设计水平将直接影响整体幕墙的设计水平，因此必须足够重视。

1.2.2 热工性能研究现状及分析

由于双层热通道幕墙自身构造的特点，如具有内、外两层玻璃围护结构层，围护构件具有可调节性；如可调节进出风口的大小和开闭、可旋转遮阳百叶的角度以及可开启内窗的开闭等，使得这种新型的幕墙结构具有较好的热工性能（包括保温、隔热、遮阳等）[20]。

1. 国内

刘韬等（2000）针对某一热通道玻璃幕墙的热工性能，借助 Fluent 软件进行 CFD 数值模拟，并将得出的模拟结果与实际测试值进行比较，模拟结果和实际测试值有很好的吻合度，验证了该模拟方法的正确性[21]；张桂先等（2003 年）使用 FLOTRAN 软件对深圳地区的 DSF 进行了稳态分析模拟，得出了 DSF 的综合温度、温度梯度分布、空气速度及玻璃内外表面的对流换热系数曲线图[22]；朱清宇等（2005 年）以某内呼吸式 DSF 工程实例为对象建立物理模型，模拟计算不同工况下 DSF 的综合传热系数，分析了 DSF 热通道的风速、宽度以及遮阳百叶位置对围护结构热损失的影响[23]；A. L. S. Chan 等（2009 年）以我国香港地区典型办公建筑为对象，运用模拟软件对比分析不同材质 DSF 建筑能耗，得出我国香港地区内层采用单层高透光玻璃，外层采用中空反射玻璃可节省 26% 制冷能耗[24]；同济大学刘猛（2009 年）选取外循环箱体式 DSF 作为研究对象，运用模拟的方法，计算了 DSF 的综合传热系数，发现 DSF 综合传热系数随玻璃类型、太阳辐射强度、通风腔高度和宽度以及遮阳位置的不同而变化，给出了 DSF 形成空调负荷的计算方法及简化算法[25]。

2. 国外

国外主要从能耗指标及作用原理、内烟囱效应及作用原理、综合传热系数、内温度场和流场模拟计算等方面进行研究[26-27]。Rayment（1989 年）就单层幕墙和双层幕墙节能性能进行了对比研究，结果表明：与单层幕墙相比，应用双层幕墙可节能 9%[28]；Oesterle 等（2001 年）做过比较详细的双层幕墙热力学、空气动力学分析，以及关于双层皮构造和暖通结合使用的研究，对其经济性也做了比较细致的讨论[29]；Jorn（2002 年）为了能够在不依赖 CFD 模拟软件的情况下也可以对 DSF 热通道中气流进行与能量有关的计算，建立了确定热通道中空气温度分布和流动特性的模拟算法，并对此算法的有效性进行了验证[30]；Zallner 等（2002 年）利用压力补偿的方法对不同宽度的 DSF 热通道进行了测试研究，分析了太阳辐射强度对热通道中紊流强度的影响情况[31]。Zerrin 等（2005 年）对某办公楼应用单层幕墙和 DSF 在冬季时热损耗进行了对比研究，结果表明：利用 DSF 热通道玻璃幕墙的建筑在冬季可以节约大量供暖能量[32]；Elisabeth Gratia 等（2007 年）分析了太阳辐射水平、DSF 朝向、遮阳设置、内层皮材质、风速、遮阳设备和内层皮颜色、高度及开口设置对 DSF 内平均温度变化的影响，其中朝向的影响较明显[33]；N. Hashmi 等（2010 年）对伊朗干旱地区双层幕墙建筑运用模拟对比的方法，发现双层幕墙由于内、外层皮和腔体内温度的不同，可以减少冬季空调能耗，要想降低夏季空调能耗，需采取附件设施[34]。

综上所述，目前国内外对 DSF 热工性能的研究主要集中在 DSF 温度场、综合传热系数、烟囱效应及作用原理、DSF 综合传热系数和流场模拟计算等方面，对建（构）筑物全生命周期内的热工性能分析较少。

1.2.3 通风性能研究现状及分析

1. 国内

卢旦和楼文娟等（2005 年，2009 年）采用大涡模拟法对不同风向角下 DSF 的通风性能进行了 CFD 模拟，并与风洞试验结果比较，研究表明：该 DSF 采用大涡模拟法与试验结果基本一致，通风百叶取 45°倾角时为最佳导风状态[35-36]；李荣敏等（2007）运用 Ansys 软件对上海某医院病房的 DSF 进行模拟研究，发现自然通风较弱，可采用机械通风的方式增强通风和节能效果[37]；丁勇等（2007）对重庆某既有改造建筑 DSF 内通风及温度进行测试，分析了该 DSF 在结构设计上的一些问题，指出了该结构体系设计中的注意事项[38]；许晓丽等（2008）通过在 CFD 软件中建立复杂模型模拟带百叶遮阳 DSF 的通风情况，并用实验室测试结果与其对比，确定了模型的准确性[39]。

2. 国外

对 DSF 通风性能研究较全面，不仅建立了双层幕墙的二维理论数学模型，运用 CFD 软件对 DSF 内部复杂的自然通风进行模拟研究，而且对实际双层幕墙工程进行了对比测试分析，也提出了一些有助于强化 DSF 内自然通风的措施，如夜间通风技术、在 DSF 上设置太阳能井等。Saelens（2002）通过建立二维数学模型研究了单元式双层幕墙机械通风和自然通风条件下的节能性能，并对其进行了对比分析[40]；Till（2004）通过对三幢建筑进行了长达一年的监测，发现采用双层幕墙可以减小建筑制冷设备能耗[41]；Wenting（2005）通过在 DSF 上设置太阳能井来增强 DSF 的通风效果，并运用对缩尺模型进行实验室测试和实际建筑 CFD 模拟的方法进行测试研究分析[42]；K. A. R. Ismail 等（2005）通过建立质量、动量和能量守恒原理的二维数学模型，对热通道中浮力驱动下的空气流动进行了研究，并分析讨论了太阳得热系数和遮阳系数对气体流动的影响[43]；Elisabeth Gratia 等（2007）运用试验测试方法，分析了 DSF 在夏季如何利用自然通风和夜间通风来降温[44]；Haifa 等（2010）运用 CFD 模拟软件，从热流量和能效的角度对利用不稳定自然通风的 DSF 进行了研究分析，并将模拟结果和试验测试结果进行对比[45]；Nicola 等（2011）通过对 DSF 及与其相连房间调研测试，建立了一个描述 DSF 通风作用原理的模型，并用实验室测试数据对其进行了验证[46]。

综上所述，国内外学者对双层幕墙结构的通风性能进行了研究，并得出了较为实用的研究成果，可指导双层幕墙工程的设计和施工。

1.2.4 热工通风性能影响因素研究现状及分析

国内对 DSF 几何参数的研究，与国外相比起步较晚，因此我们要加大在这方面的研究，并投入更多的精力[47]，近期出现了一些较为实用的研究成果用于指导工程建设。

王振（2004）通过搭建试验台，运用试验测试的方法，基于不同条件下如朝向、遮阳、通风、能耗、淋水、蓄热和气流循环等试验对比研究，较全面地分析了如何从类型、材料、构造和操作模式等方面进行 DSF 设计，并对 DSF 进行经济上的分析[4]；唐珠创等（2008）采用一维流动计算模型，建立了各有限段剖面气流的贝努利能量方程、质量连续性方程，并运用有限分析法寻求数值解，编写了设计专用的计算程序。通过双层热通道幕墙的多种工程模型试验，观察进、出风口的流场结构，实测局部阻力损失系数[48]；周娟（2010）从可持续建筑设计的角度，分析研究了 DSF 和遮阳设备的热性能，发现采用遮阳设备的 DSF 建筑在夏热冬冷地区满足建筑可持续设计理念[49]。

国外将双层幕墙分为整体式、通道式、廊道式、箱体式四种形式[50]。Stec 等（2005）提出了十分新颖的观点，在双层幕墙内部采用植物作为遮阳设备，运用有限元模拟分析对比的方法发现，与传统遮阳设备相比，相同太阳辐射条件下采用植物作为遮阳设备的双层幕墙内温度低 2℃，且最高温度只有 35℃，而传统遮阳设备会达到 55℃[51]；Elisabeth 等（2007）通过试验测试得出结论，不同位置和颜色的双层幕墙内遮阳及双层幕墙进风口、出风口位置设置对双层幕墙办公建筑冷负荷的影响很大，同时，不同位置和颜色的双层幕墙内遮阳对双层幕墙玻璃温度影响也较大，以致影响玻璃对工作区的长波辐射，进而影响该建筑的舒适度[52]；Wang 等（2008）运用 CFD 软件分析不同结构形式的双层幕墙，得出热湿气候下，南向双层幕墙效果最佳，其次是东向，双层幕墙的最佳厚度为 300mm[53]；Hasse 等（2009）运用模拟软件 Trnsys 对我国香港地区双层幕墙办公建筑进行模拟研究，并通过试验测试数据对模拟结果进行了验证[54]。

综上所述，影响双层通风幕墙通风和热工性能的因素有：地区、季节、气候分区、太阳辐射照度朝向、板块尺寸、空气间层宽度和高度、遮阳位置和材质、进风口和出风口位置和尺寸、玻璃光学属性等。国内外学者通过研究相关影响参数，得出了在不同参数影响下的双层通风幕墙的通风性能和节能效果，但相关研究未能紧跟社会发展的需要，与工程需要相比具有一定的滞后性，因此要加大在这方面的研究，并投入更多的精力。

1.2.5 双层幕墙研究方法的现状及分析

有关 DSF 的研究主要有以下方面：对室内热、声、光环境的影响，对相邻房间冷、热负荷的影响，与一定空调系统结合时的运行能耗，建造、运行维护成本，结构、构造设计和施工，防火等。而有关 DSF 热物理性能的研究可以分为两方面：DSF 当中的传热和流动研究，以及 DSF 对相邻房间或整个建筑的负荷和自然通风的影响研究。CFD 模拟是研究 DSF 当中的传热和流动的主要理论研究方法。随着计算机技术的发展，陆续出现了各种适用于计算流体力学分析和传热学分析的软件，如 Phoenics、Star-CD、Fluent、CFX 等。这些软件功能比较全面、适用性强，几乎可以解决工程界中各种流动、湍流、紊流、热传递和反应等复杂的物理现象。

国内学者应用相关的有限元模拟软件进行了一定的研究，但研究得还不够深入，尚需投入更多的精力进行研究。姜清海等（2005 年）研究了双层通风幕墙在温差作用下的计算模型，建立热气流的动量方程、连续性方程和温度场方程，并给出了计算实例[55]；王汉清等（2008）简要介绍了通风双层幕墙的通风方式，总结了通风双层幕墙三种常用的模拟方法（节点网络模拟法、计算流体力学模拟法和建筑能耗模拟法），分析了当前国内外研究方法及研究现状，探讨了它们各自的特点及应用场合，认为通风双层幕墙在建筑设计时应进行具体的模拟分析，才能设计出性能优良的通风双层幕墙[56]。

Gan（2001年）采用CFD方法模拟多层窗户的传热系数，结合导热和辐射热阻计算得到双层玻璃的总热阻。研究表明，玻璃表面对流换热系数和整个窗户的传热系数均随内外玻璃温差呈线性变化[57]。Zollner等（2002年）对夹层内太阳辐射引起的湍流混合对流的平均总对流换热系数进行了试验研究，结果表明对于不同的夹层宽度应该采用不同的模型[58]；Manz（2003年）对不同高宽比的封闭空腔内自然对流换热过程进行了数值模拟，将模拟得到的 N_u 与五个经验公式进行了对比[59]；Manz（2004年）还结合玻璃光学特性对DSF进行模拟，得到在不同安装顺序和通风策略下DSF中的能量分布，结果表明总太阳得热系数 g 的模拟需要采用包括对流、导热和辐射的CFD模型[60]。以上结果都是针对特定条件下DSF系统的传热过程研究得到的，不能直接应用于DSF能耗分析，但可以作为建立和简化模型的参考。足尺单元试验研究的目的则在于获得传热系数或对流换热系数的经验公式，以及与数学模型比较[61-62]。

研究DSF对相邻房间甚至整个建筑的负荷和自然通风的影响，一种比较简便的理论方法是利用商业动态热模拟软件，不过这方面研究并不多。Gratia等（2004年）利用TAS软件对一座外挂式DSF办公建筑做了大量算例研究，分析了立面朝向、日照、风速和风向对幕墙夜间通风的影响，探讨了白天自然通风的可行性[63]。另外一些学者则选择自己建立计算模型，如Saelens（2002年）采用节点控制容积法对DSF和相邻房间建模，并以足尺单元试验数据对其加以验证，又把模型嵌入商业动态能耗模拟软件Trnsys来模拟建筑负荷[64]；Stec等（2005年）根据网络法计算原理对DSF、建筑和空调系统开展了多项模拟研究[65]。另外，对已有建筑的实测研究可以为设计者提供宝贵的经验，但这方面的研究较少。Pasquay（2004年）对3座DSF建筑进行了长期监测，并指出了模拟和设计中的一些问题[66]。也有学者试图从全生命周期分析的角度考察DSF，Cetiner等（2005年）分析了在伊斯坦布尔的温和气候下，不同类型DSF的能耗效率和经济效率[67]，不过所采用的能耗计算方法非常简化。

综上所述，现有研究成果中的一些结论可用于设计参考，但是离满足实际建筑和幕墙设计的需要还有一定差距。

1.3 本书主要研究内容

1.3.1 玻璃传热过程及 U 值影响因素分析

通过对单层玻璃和中空玻璃传热过程的分析，建立了数值计算模型，给出了 U 值计算方法，并采用数值迭代的方法分析了玻璃厚度、中空气体层厚度、表面辐射率、综合换热系数对玻璃 U 值的影响规律。

1.3.2 内循环双层幕墙标准模型热工性能分析

现有研究多是针对双层幕墙本身进行研究或对室内环境舒适度进行研究，未将二者有机结合为一体，本书为研究内循环双层幕墙热工性能，建立了双层幕墙标准模型，基于 Fluent 分析了冬季和夏季条件下不同工况的双层幕墙热工性能，研究了其热通道空气流场和温度场分布规律以及节能效果。

1.3.3　内循环双层幕墙热工性能影响因素分析

双层幕墙作为一个复杂的综合性系统，其热工性能影响因素较多。双层幕墙热工性能的主要影响因素有：进风口尺寸，空气间层厚度、高度和宽度，玻璃表面辐射率，出风口风速等。

对于不同地区、不同气候条件，应采用不同设计参数的双层幕墙，因此有必要分析不同影响因素对其热工性能的影响规律，给实际工程设计提供技术支持和必要指导。本书结合实际情况，研究了其热通道空气流场和温度场分布规律以及节能效果；采用 Fluent 分析了进风口尺寸，空气间层厚度、高度和宽度，玻璃表面辐射率，出风口风速等因素对热工性能的影响规律，优化了设计参数，给出了设计建议。

1.3.4　开口截面立柱受力性能试验研究与分析

完成了 6 个不同构造的单根立柱受力性能试验、6 个不同构造的单元体加压腔受力性能试验和 4 个不同构造的单元体破坏试验，分析了其承载力、变形特征和破坏形态，并基于试验建立了有限元分析模型，数值模拟结果与试验结果吻合较好。

1.3.5　开口截面立柱有限元数值模拟

有限元数值模拟作为一种研究手段，在工程设计中应用较为广泛，本书采用数值模拟的方法对开口截面立柱受力性能进行了分析。为研究单元体幕墙公、母立柱的协同工作性能，分别对单根公立柱、单根母立柱考虑玻璃约束与否和带挂钩与否情况下组合立柱在正、负风作用下的变形和屈曲性能进行了有限元数值模拟。

1.3.6　开口截面立柱承载力计算方法研究

通过对单根开口截面铝合金立柱和单元体开口截面铝合金立柱进行试验研究，并根据铝合金规范对构件进行计算分析，以获得准确的计算方法，使其在保证结构安全可靠的基础上可较好地提高开口截面型材的强度利用率，更好地发挥其结构性能。

2 玻璃传热过程及 U 值影响因素分析

当代建筑设计中,玻璃幕墙以其独特的造型和魅力,广泛应用于建筑围护结构中。它在带来美观通透艺术效果的同时,也需要满足建筑围护结构的节能要求。玻璃的热工性能将直接影响建筑围护结构的节能效果,因此对玻璃热工性能的计算分析成为围护结构节能的关键,针对不同的气候条件和不同的工作条件,需选用不同的玻璃类型。

本书通过对单层玻璃和中空玻璃传热过程的分析,建立了数值计算模型,给出了 U 值计算方法,并采用数值迭代的方法分析了玻璃厚度、中空气体层厚度、表面辐射率、综合换热系数对玻璃 U 值的影响规律。

2.1 基本原理

2.1.1 传热基本过程

建筑围护结构的传热是复杂的物理过程,包括围护结构表面换热和结构本身的导热,以及相互热辐射等,涉及热量传递的三种基本方式:导热、对流和辐射。导热、对流这两种热量传递方式只在有物质存在的条件下才能实现,而热辐射可以在真空中传递,而且真空中辐射能的传递最为有效。

2.1.2 黑体辐射基本定律

黑体辐射有三个基本定律:普朗克定律、斯蒂芬-玻尔兹曼定律和兰贝特定律。

普朗克定律揭示了黑体辐射能按照波长的分布规律,或者说它给出了黑体光谱辐射力 $E_{b\lambda}$ 与波长和温度的依变关系。

$$E_{b\lambda} = \frac{c_1 \lambda^{-5}}{e^{c_2/(\lambda T)} - 1} \tag{2-1}$$

式中 $E_{b\lambda}$——光谱辐射力,W/m^3;

λ——波长,m;

T——黑体的热力学温度,K;

e——自然对数的底;

c_1——第一辐射常量,$3.742 \times 10^{-16} W \cdot m^2$;

c_2——第二辐射常量,$1.4388 \times 10^{-2} m \cdot K$。

黑体辐射力可写为

$$E_b = \int_0^\infty E_{b\lambda} d\lambda \tag{2-2}$$

将普朗克定律中的 $E_{b\lambda}$ 代入上式:

$$E_b = \int_0^\infty \frac{c_1 \lambda^{-5}}{e^{c_2/(\lambda T)} - 1} d\lambda \tag{2-3}$$

对上式积分，就可得到物理学上的斯蒂芬-玻尔兹曼定律，$E_b = \sigma T^4$。该式表明，黑体辐射力与热力学温度的四次方成正比。式中，σ 为斯蒂芬-玻尔兹曼常量，又称黑体辐射常数，数值为 $5.67 \times 10^{-8} \text{W}/(\text{m}^2 \cdot \text{K}^4)$。

兰贝特定律又称余弦定律，表明黑体辐射能在空间不同方向的分布是不均的，法线方向最大，切线方向为零。

2.1.3 实际物体的辐射特性

实际物体的辐射力与同温度下黑体辐射力的比值称为实际物体的发射率，记为 ε。实际物体的辐射力为：

$$E = \varepsilon E_b = \varepsilon \sigma T^4 \tag{2-4}$$

2.2 单层玻璃

2.2.1 数学计算模型

针对单层玻璃，其传热过程示意图如图 2-1 所示。图中 T_{out}、T_1、T_2、T_{in} 分别为室外环境、玻璃外表面、玻璃内表面和室内环境温度；h_{out}、h_{in} 分别为室外、室内综合对流换热系数；t 为玻璃厚度；Q_{out}、Q、Q_{in} 分别为通过室外环境和玻璃接触面、玻璃、室内环境和玻璃接触面的热流量。

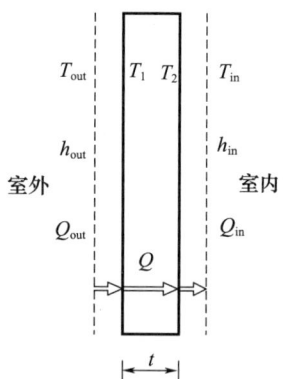

图 2-1 单层玻璃传热过程示意图

通过室外环境和玻璃接触面的热量 Q_{out} 为：

$$Q_{\text{out}} = \varepsilon_1 \sigma (T_1^4 - T_{\text{out}}^4) + h_{\text{out}}(T_1 - T_{\text{out}}) \tag{2-5}$$

通过单层玻璃的热量 Q 为：

$$Q = \frac{\lambda(T_2 - T_1)}{t} \tag{2-6}$$

通过室内环境和玻璃接触面的热量 Q_{in} 为：

$$Q_{\text{in}} = \varepsilon_2 \sigma (T_{\text{in}}^4 - T_2^4) + h_{\text{in}}(T_{\text{in}} - T_2) \tag{2-7}$$

根据能量平衡可得：

$$Q_{out} = Q = Q_{in} \qquad (2-8)$$

将上述方程联立求解，可求出 Q_{out}、Q、Q_{in}，即可求出单层玻璃的传热系数为：

$$U = \frac{Q_{in}}{T_{in} - T_{out}} \qquad (2-9)$$

以上式中，ε_1 和 ε_2 分别为玻璃外表面和内表面的辐射率；λ 为玻璃热导率。

2.2.2 实例验证

参考《建筑门窗玻璃幕墙热工计算规程》(JGJ/T 151—2008)[68]，采用冬季标准计算条件计算传热系数。对于 6mm 厚单层玻璃，分别采用软件 Window、软件 Fluent 和上述数值计算方法进行分析，U 值结果见表 2-1。分析过程中，分别选取了白玻（玻璃两侧表面辐射率均为 0.84）和 Low-E 玻璃（玻璃室外侧表面辐射率 0.84，室内侧表面辐射率为 0.215）进行验证。

表 2-1　U 值结果对比　　　　　　　　　　　单位：W/(m²·K)

品种	Window	Fluent	数值计算	均值
白玻	5.22	5.52	5.35	5.36
Low-E	3.63	3.67	3.66	3.65

由表 2-1 可知：三种计算方法所得单层玻璃的 U 值结果相近，三种计算方法可相互验证；各方法计算结果与均值的误差小于 3%，说明本书有关单层玻璃综合传热系数计算方法较为精确，可用于传热系数计算并指导工程设计。

2.2.3 U 值影响因素分析

影响单层玻璃 U 值的因素有：玻璃厚度、玻璃表面的辐射率、室外综合换热系数和室内综合换热系数。本书分析了四个参数对玻璃 U 值的影响。

2.2.3.1 玻璃厚度

玻璃厚度对其 U 值有一定的影响，本书采用上述数值计算方法对白玻进行计算分析，分析结果如图 2-2 所示，边界条件采用《建筑门窗玻璃幕墙热工计算规程》(JGJ/T 151—2008) 规定的标准冬季条件。

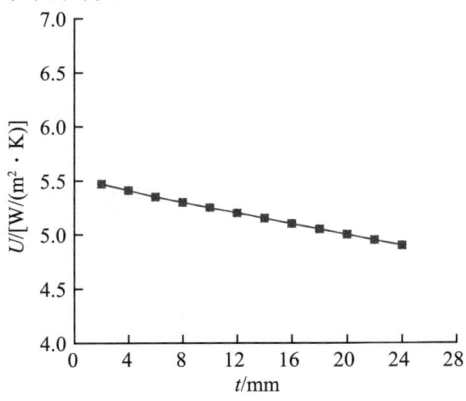

图 2-2　U 值随玻璃厚度变化曲线

由图 2-2 可知：随着玻璃厚度的增加，单层玻璃的 U 值逐渐降低，且基本上呈线性变化；玻璃厚度 2mm 对应 U 值为 $5.47W/(m^2 \cdot K)$，玻璃厚度 24mm 对应 U 值为 $4.9W/(m^2 \cdot K)$，玻璃厚度增加了 22mm，但 U 值仅降低了 $0.57W/(m^2 \cdot K)$，下降了 10.42%，相对于玻璃厚度的增加量，U 值下降幅度较小。

2.2.3.2 玻璃表面辐射率

玻璃表面辐射率对其 U 值有一定的影响，本书分析了单层玻璃 U 值随其室内、外表面辐射率的变化规律，分析结果如图 2-3 所示。分析室内侧玻璃表面辐射率对其 U 值影响时，室外侧玻璃表面辐射率取固定值 0.84；分析室外侧玻璃表面辐射率对其 U 值影响时，室内侧玻璃表面辐射率取固定值 0.84；玻璃厚度为 6mm。

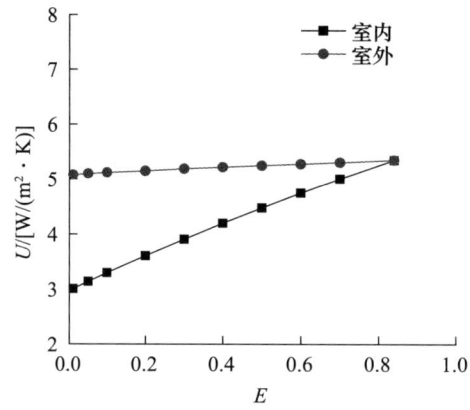

图 2-3 U 值随玻璃表面辐射率变化曲线

由图 2-3 可知：随着玻璃表面辐射率的增加，其 U 值逐渐增大，且基本呈线性变化；室内玻璃表面辐射率为 0.01 对应 U 值为 $3.01W/(m^2 \cdot K)$，室内玻璃表面辐射率为 0.84 对应 U 值为 $5.35W/(m^2 \cdot K)$，U 值增大了 77.74%；室外玻璃表面辐射率为 0.01 对应 U 值为 $5.08W/(m^2 \cdot K)$，室内玻璃表面辐射率为 0.84 对应 U 值为 $5.35W/(m^2 \cdot K)$，U 值增大了 5.31%，增大幅度较小，说明室外玻璃表面辐射率的变化对 U 值的影响较小，在实际工程应用中，应考虑降低室内玻璃表面辐射率的变化以满足节能要求。

2.2.3.3 环境综合换热系数

室内外环境的综合换热系数对单层玻璃的 U 值具有较大影响，单层玻璃 U 值随其室内、外环境综合换热系数的变化曲线如图 2-4 所示。为减小其他因素对 U 值的影响，分析时室内外玻璃表面辐射率取值均为 0.84，玻璃厚度为 6mm；分析室内环境综合换热系数对其 U 值影响时，室外环境综合换热系数取固定值 $16W/(m^2 \cdot K)$；分析室外环境综合换热系数对其 U 值影响时，室内环境综合换热系数取固定值 $3.6W/(m^2 \cdot K)$。

由图 2-4 可知，随着室内外环境综合换热系数的增加，单层玻璃的 U 值逐渐增大，但呈非线性变化态势；随着室内环境综合换热系数的增大，单层玻璃的 U 值迅速增加，说明室内环境综合换热系数对单层玻璃 U 值的影响较为显著；随着室外环境综合换热系数的增大，单层玻璃的 U 值逐渐增加，但增速逐渐减小，说明室外环境综合换热系数增大到一定程度后对单层玻璃 U 值的影响逐渐减弱。

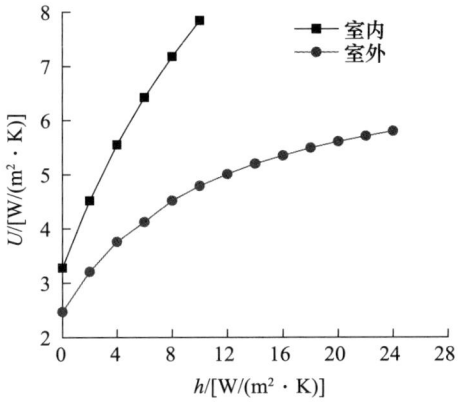

图 2-4　U 值随综合换热系数变化曲线

2.3　中空玻璃

2.3.1　数值计算模型

针对中空玻璃，其传热过程示意图如图 2-5 所示。图中 T_{out}、T_1、T_2、T_3、T_4、T_{in} 分别为室外环境、外层玻璃外表面、外层玻璃内表面、内层玻璃外表面、内层玻璃内表面和室内环境温度；h_{out}、h_{in}、h 分别为室外、室内、中空气体层综合对流换热系数；t_1、t_2、t_3 分别为外层玻璃、中空气体层、内层玻璃厚度；Q_{out}、Q_1、Q_2、Q_3、Q_{in} 分别为通过室外环境和外层玻璃接触面、外层玻璃、中空气体层、内层玻璃、室内环境和内层玻璃接触面的热流量。

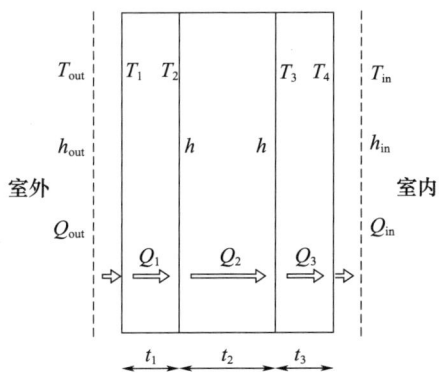

图 2-5　中空玻璃传热过程示意图

参考规范《建筑玻璃应用技术规程》（JGJ 113—2015）[69]和《中空玻璃稳态 U 值（传热系数）的计算及测定》（GB/T 22476—2008）[70]，中空玻璃气体层导热、对流系数计算方法如下：

$$h = h_c + h_r \tag{2-10}$$

式中　h_c——气体层换热系数（包括对流和传导）；
　　　h_r——气体层内两片玻璃之间的辐射换热系数。

$$h_c = N_u \frac{\lambda_2}{t_2} \tag{2-11}$$

$$h_r = 4\sigma \left(\frac{1}{\varepsilon_2} + \frac{1}{\varepsilon_3} - 1 \right)^{-1} T_m^3 \tag{2-12}$$

式中　N_u——努赛尔准数；
　　　$N_u = A(G_r \cdot P_r)^n$，当 $N_u < 1$ 时，表示热传递仅由传导完成，取 $N_u = 1$；
　　　G_r——格拉晓夫准数，$G_r = \dfrac{9.81 t_2^3 \Delta T \rho^2}{T_m^2}$；
　　　P_r——普朗特准数，$P_r = \dfrac{\mu c}{\lambda_2}$；
　　　ΔT——气体层两侧玻璃表面的温度差，可取为 15K；
　　　T_m——气体层的平均绝对温度，可取为 283K；
　　　ρ、μ、c——气体密度、动态黏度、比热容；
　　　A、n——常数，当玻璃垂直时，$A=0.035$，$n=0.38$；当玻璃水平时，$A=0.16$，$n=0.28$；当玻璃倾斜 45°时，$A=0.10$，$n=0.31$。

通过室外环境和玻璃接触面的热量 Q_{out} 为：

$$Q_{out} = \varepsilon_1 \sigma (T_1^4 - T_{out}^4) + h_{out}(T_1 - T_{out}) \tag{2-13}$$

通过外层玻璃的热量 Q_1 为：

$$Q_1 = \frac{\lambda_1 (T_2 - T_1)}{t_1} \tag{2-14}$$

通过中空气体层的热量 Q_2 为：

$$Q_2 = h(T_3 - T_2) \tag{2-15}$$

通过外层玻璃的热量 Q_3 为：

$$Q_3 = \frac{\lambda_3 (T_4 - T_3)}{t_3} \tag{2-16}$$

通过室内环境和玻璃接触面的热量 Q_{in} 为：

$$Q_{in} = \varepsilon_2 \sigma (T_{in}^4 - T_4^4) + h_{in}(T_{in} - T_4) \tag{2-17}$$

根据能量平衡可得：

$$Q_{out} = Q_1 = Q_2 = Q_3 = Q_{in} \tag{2-18}$$

将上述方程联立求解，可求出 Q_{out}、Q_1、Q_2、Q_3、Q_{in}，即可求出中空玻璃的传热系数：

$$U = \frac{Q_{in}}{T_{in} - T_{out}} \tag{2-19}$$

式中　λ_1、λ_2、λ_3——外层玻璃、气体层、内层玻璃导热系数；
　　　ε_1、ε_2、ε_3、ε_4——外层玻璃外表面、外层玻璃内表面、内层玻璃外表面、内层玻璃内表面的辐射率。

2.3.2 实例验证

参考《建筑门窗玻璃幕墙热工计算规程》(JGJ/T 151—2008)[9],采用冬季标准计算条件计算传热系数。对于6+12+6中空玻璃,分别采用软件Window、Fluent和上述数值计算方法进行分析,U值结果见表2-2。分析过程中,分别选取了白玻(两层玻璃两侧表面辐射率均为0.84)和Low-E玻璃(玻璃表面辐射率依次为0.84、0.215、0.84、0.84)进行验证,中空气体间层为空气。

表2-2 U值结果对比　　　　　单位:W/(m²·K)

品种	Window	Fluent	数值计算	均值
白玻	2.58	2.69	2.77	2.68
Low-E	1.91	1.93	1.98	1.94

由表2-2可知,三种计算方法所得中空玻璃的U值结果相近,三种计算方法可相互验证;各方法计算结果与均值的误差小于3.8%,说明本书有关中空玻璃综合传热系数计算方法较为精确,可用于传热系数计算并指导工程设计。

2.3.3 U值影响因素分析

中空玻璃U值的影响因素有:玻璃厚度、中空气体层厚度、玻璃表面辐射率、室外综合换热系数和室内综合换热系数。标准对比模型为:中空玻璃选取6+12+6,各表面辐射率均为0.84,边界条件采用《建筑门窗玻璃幕墙热工计算规程》(JGJ 151—2008)规定的标准冬季条件。分析其中某个参数影响时,其他参数不变且仍采用标准对比模型中的值。

2.3.3.1 玻璃厚度和中空气体层厚度

玻璃厚度和中空气体层厚度对中空玻璃的U值有较大影响,本书采用上述数值计算方法对中空玻璃U值进行计算分析,分析结果如图2-6所示,t_1、t_2、t_3分别为外层玻璃、中空气体层、内层玻璃厚度。

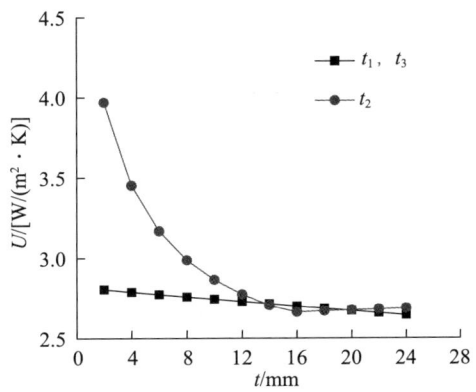

图2-6 U值随玻璃和中空气体层厚度变化曲线

由图2-6可知:中空玻璃中两层玻璃厚度的变化对其U值具有相同的影响规律,基本呈线性变化;随着玻璃厚度的增加,U值逐渐减小,玻璃厚度为6mm对应U值为

2.77W/(m²·K)，玻璃厚度为 24mm 对应 U 值为 2.64W/(m²·K)，玻璃厚度增加了 3 倍，U 值减小了 4.69%，说明玻璃厚度的变化对其 U 值影响较小；中空气体层厚度由 2mm 增大到 16mm，中空玻璃 U 值显著下降，由 3.97W/(m²·K) 降为 2.66W/(m²·K)，下降了 33%；中空气体层厚度由 16mm 增大到 24mm 时，U 值缓慢增大，由 2.66W/(m²·K) 增大为 2.69W/(m²·K)，仅增大了 1.13%；说明随着中空气体层厚度的增大，中空玻璃 U 值经历了先减小后增大的过程，而且当中空气体层厚度为 16mm 时其对应中空玻璃的 U 值最小，表明中空气体层厚度并非越大越好，当中空气体层厚度增大到一定值后反而对节能不利。

2.3.3.2 玻璃表面辐射率

玻璃表面辐射率对其 U 值有一定的影响，本书分析了中空玻璃各表面辐射率变化对其 U 值的影响，分析结果如图 2-7 所示。1#、2#、3#、4# 分别表示中空玻璃由室外到室内的四个表面。

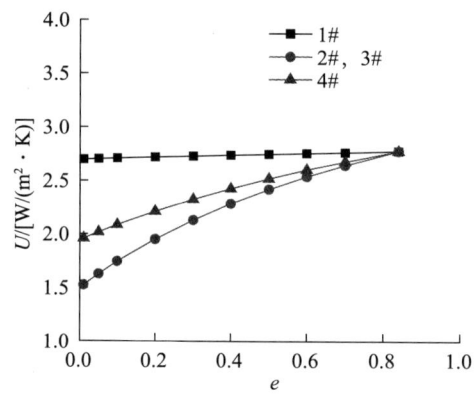

图 2-7 U 值随玻璃表面辐射率变化曲线

由图 2-7 可知：随着玻璃各表面辐射率的增加，其 U 值逐渐增大；当各表面辐射率相同时，其对应 U 值由高到低依次为 1#、4#、2#（3#）；1# 玻璃表面辐射率由 0.01 增大到 0.84，其对应中空玻璃 U 值由 2.7W/(m²·K) 增大到 2.77W/(m²·K)，U 值仅增大了 2.59%，说明 1# 玻璃表面辐射率对中空玻璃 U 值的影响很小；4# 玻璃表面辐射率由 0.01 增大到 0.84，其对应中空玻璃 U 值由 1.96W/(m²·K) 增大到 2.77W/(m²·K)，U 值仅增大了 41.33%，说明 4# 玻璃表面辐射率对中空玻璃 U 值的影响较为明显；2#、3# 玻璃表面辐射率对中空玻璃 U 值具有相同的影响规律，辐射率由 0.01 增大到 0.84，其对应中空玻璃 U 值由 1.53W/(m²·K) 增大到 2.77W/(m²·K)，增大了 81.05%，增幅较为显著，说明 2#、3# 玻璃表面辐射率的变化对 U 值的影响显著，在实际工程应用中，考虑到对镀膜的保护和各表面辐射率对 U 值的影响作用，应选择降低 2# 或 3# 玻璃表面辐射率的变化以满足节能要求。

2.3.3.3 环境综合换热系数

中空玻璃 U 值随其室内、外环境综合换热系数的变化曲线如图 2-8 所示。

由图 2-8 可知：随着室内外环境综合传热系数的增加，中空玻璃的 U 值逐渐增大，但增幅越来越小；当室内外综合换热系数相同时，U 值随室内综合换热系数变化曲线一

直高于 U 值随室外综合换热系数变化曲线。

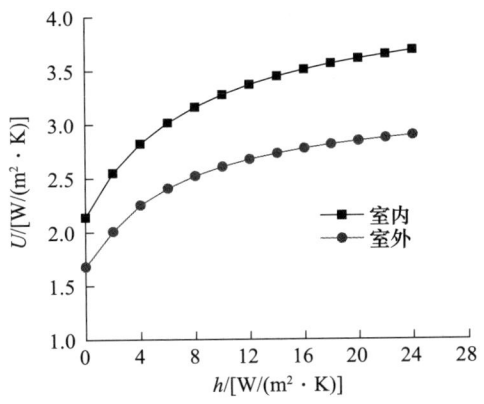

图 2-8　U 值随综合传热系数变化曲线

2.4　小　　结

通过对单层玻璃和中空玻璃传热过程的分析，建立了数值计算模型，给出了 U 值计算方法，并采用数值迭代的方法分析了不同参数对玻璃 U 值的影响规律，得出以下结论：

(1) 随着玻璃厚度的增加，单层玻璃和中空玻璃的 U 值均逐渐降低，且基本上呈线性变化；

(2) 随着中空气体层厚度的增大，中空玻璃 U 值经历了先迅速减小后缓慢增大的过程，表明中空气体层厚度增大到一定程度后反而对节能不利；

(3) 随着玻璃表面辐射率的增加，单层玻璃的 U 值逐渐增大，室外玻璃表面辐射率对 U 值影响较小，室内玻璃表面辐射率对 U 值影响较为显著；

(4) 随着中空玻璃各表面辐射率的增加，其 U 值逐渐增大；1♯玻璃表面辐射率对中空玻璃 U 值的影响很小；4♯玻璃表面辐射率对中空玻璃 U 值的影响较为明显；2♯、3♯玻璃表面辐射率对中空玻璃 U 值具有相同的影响规律，且对 U 值的影响显著，在实际工程应用中，应选择降低 2♯ 或 3♯ 玻璃表面辐射率的变化以满足节能要求；

(5) 随着室内外环境综合换热系数的增加，单层玻璃和中空玻璃的 U 值均逐渐增大，但增幅越来越小；当室内外综合换热系数相同时，U 值随室内综合换热系数变化曲线一直高于 U 值随室外综合换热系数变化曲线。

3 内循环双层幕墙标准模型热工性能评价

能源危机与环境污染日益成为世界性难题，促进建筑节能与环境保护成为建筑发展新趋势。双层幕墙是一种新型的智能幕墙结构，不仅减少建筑能耗，提升室内环境质量，还能主动利用自然能，提高能源利用效率，代表了幕墙技术新的发展方向。

建设节约型社会逐渐上升为国家战略，对建筑节能技术的认同和实践也逐渐成为我国建筑发展的重要趋势。当前高层建筑大量使用玻璃幕墙，其热工性能的好坏直接影响整个建筑的节能效果。与单层玻璃幕墙相比，双层通风幕墙一方面能稳定室内的温度、光照，增强通风换气功能；另一方面能提高其保温、隔热、降噪能力，节省能量损耗。因此，双层通风幕墙将会成为幕墙技术环保节能发展的新方向之一。

现有研究多是针对双层幕墙本身进行研究或对室内环境舒适度进行研究，未将二者有机结合为一体，本章为研究内循环双层幕墙热工性能，建立了双层幕墙标准模型，基于Fluent软件分析了冬季和夏季条件下不同工况的双层幕墙热工性能，研究了其热通道空气流场和温度场分布规律以及节能效果。

3.1 内循环双层幕墙标准模型的建立

为研究内循环双层幕墙热工性能，建立了其热工性能评价标准模型，其平面尺寸如图3-1所示，三维分析模型如图3-2所示。冬季为充分利用太阳辐射得热，内循环双层幕墙百叶处于收起状态［图3-1（a）和图3-2（a）］；夏季为保证室内舒适度，降低空调能耗，尽可能降低室内太阳辐射得热，内循环双层幕墙百叶处于垂下状态［图3-1（b）和图3-2（b）］。

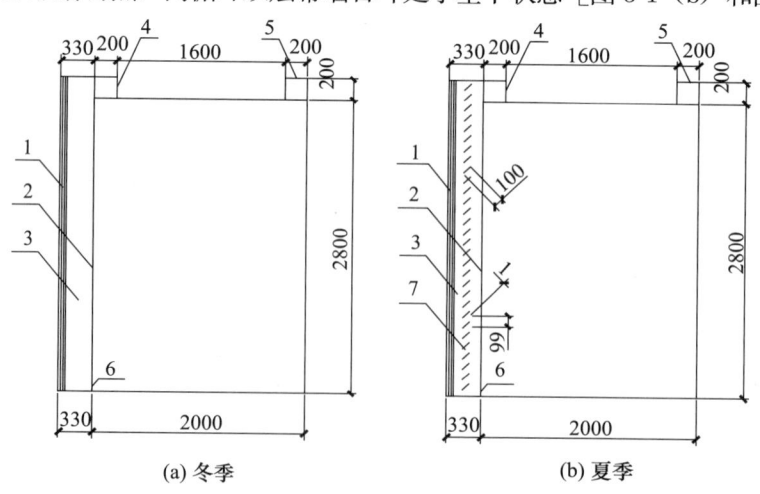

图 3-1 平面尺寸图

1—外层中空玻璃；2—内层玻璃；3—热通道；4—进风口；5—出风口；6—内部进风口；7—百叶

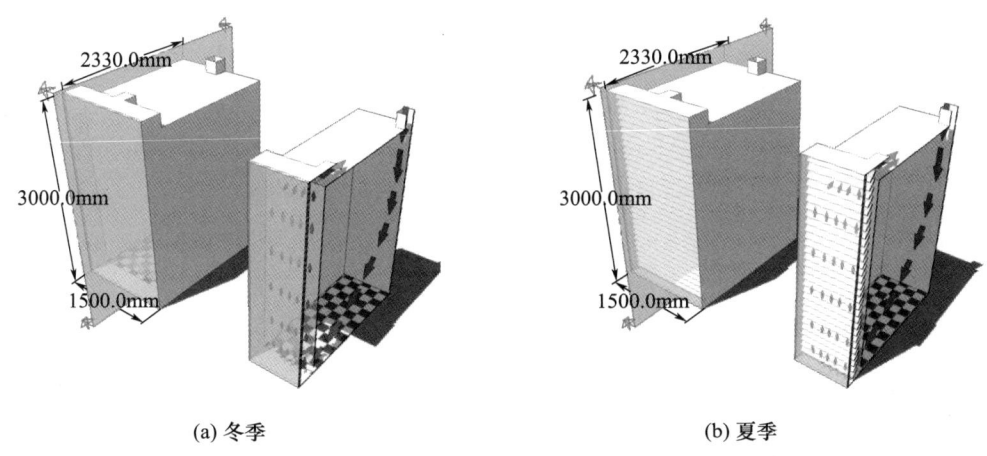

(a) 冬季　　　　　　　　　　(b) 夏季

图 3-2　三维分析模型

3.1.1　物理模型

标准模型几何尺寸见表 3-1。双层幕墙配置（玻璃、热通道和百叶）参数见表 3-2。后续分析可调整相关参数，进行对比研究：（1）外玻和内玻性能参数；（2）热通道宽度；（3）热通道内风速；（4）百叶所处位置。

表 3-1　标准模型几何尺寸

参数	尺寸	备注
房间尺寸	1500mm×2000mm×3000mm	玻璃幕墙面积为 4.5m², 室内面积为 3m², 箱体体积为 8.4m³
排、进风口尺寸	200mm×200mm	

表 3-2　双层幕墙配置（玻璃、热通道、百叶）参数表

参数	尺寸	备注
外玻厚度	6+12A+6	外玻外片采用 Window 6 中 Low-E 玻璃（ID：5346），外玻内片和内玻采用白玻（ID：103）
内玻厚度	6	
热通道宽度	300mm	
百叶尺寸	100mm×0.5mm	

3.1.2　边界条件

参考《建筑门窗玻璃幕墙热工计算规程》(JGJ/T 151—2008) 对计算环境边界条件的定义，该标准模型在不同季节条件下的边界条件参数见表 3-3。

表 3-3　边界条件参数表

参数	冬季	夏季
室外温度/℃	−20	30
室内温度/℃	20	25
室内对流传热系数/[W/(m²·K)]	3.6	2.5

续表

参数	冬季	夏季
室内对流传热系数/[W/(m²·K)]	16	16
排、进风口风速/(m/s)	0.2	0.2
太阳辐射照度/(W/m²)	0	500

注：对应热通道内平均风速为 0.2×0.2×0.2/(1.5×0.3)=0.0178m/s，一般热通道内部风速为 0.01～0.05m/s；每小时进入室内的新风量为 0.2×0.2×0.2×3600=28.8m³，《民用建筑供暖通风与空气调节设计规范》(GB 50736—2012)要求设计最小新风量为 30m³/(h·人)，二者符合。

为研究内循环双层幕墙在不同季节的热工性能，该报告选取较为典型的冬季和夏季进行分析。

冬季：为充分利用太阳辐射得热，内循环双层幕墙百叶处于收起状态，分别对以下五种工况进行了评价分析：(1) 机械通风双层幕墙；(2) 机械通风单层幕墙；(3) 无通风双层幕墙；(4) 无通风单层幕墙；(5) 封闭双层幕墙，室内机械通风。

夏季：为保证室内舒适度，降低空调能耗，尽可能降低室内太阳辐射得热，内循环双层幕墙百叶处于垂下状态，分别对以下五种工况进行了评价分析：(1) 机械通风双层幕墙；(2) 机械通风单层幕墙；(3) 无通风双层幕墙；(4) 无通风单层幕墙；(5) 封闭双层幕墙，室内机械通风。

输出内容：输出冬季、夏季不同工况下双层幕墙正中位置（$z=0$）的温度场和流场分布图。为定量研究标准模型各工况下的热工性能，分别输出通过外玻外表面、内玻内表面、室内竖直空气表面的热流量以及外玻外表面、内玻内表面、室内竖直空气表面和出风口温度值。

评价指标：由于双层幕墙与传统门窗幕墙围护结构存在本质区别，已有的"传热系数"概念对本模型已不再适用。本书将室内竖直空气层作为"（采暖-制冷）能耗评价标准面"（简称能耗评价面）定义为该标准模型的性能评价指标。

3.2 冬季工况分析结果

冬季条件下，双层幕墙和单层幕墙示意图见图 3-3。

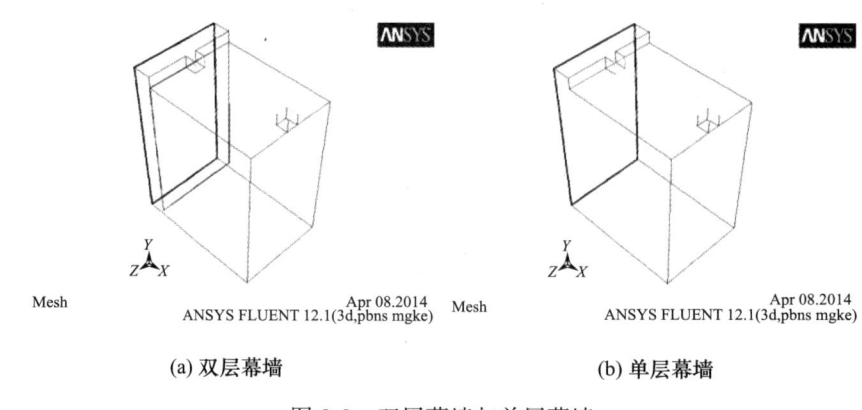

(a) 双层幕墙　　　　　　　　(b) 单层幕墙

图 3-3　双层幕墙与单层幕墙

3.2.1 机械通风双层幕墙

双层幕墙进风口和出风口均处于开启状态，出风口机械排风，室内有新风进入，此工况下标准模型正中位置处的温度场和流场分布见图 3-4。

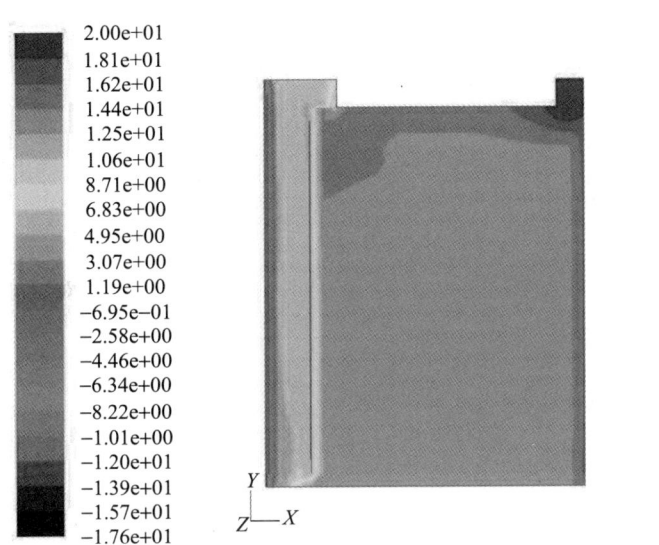

(a) 温度场

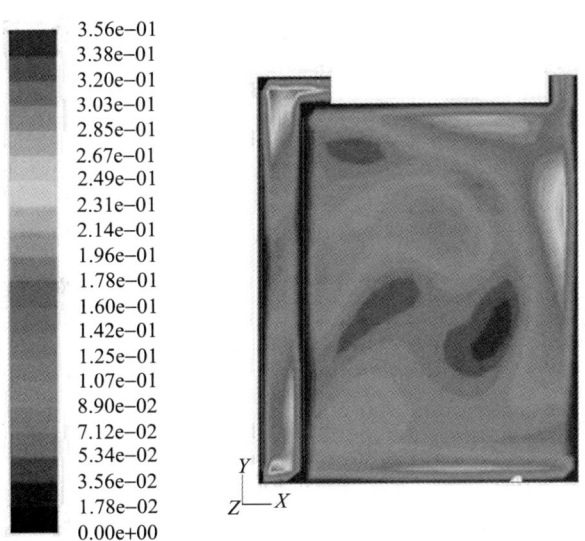

(b) 流场

图 3-4　机械通风双层幕墙温度场和流场分布图

3.2.2 机械通风单层幕墙

与机械通风双层幕墙工况相比，此工况将双层幕墙改为单层幕墙，以此分析二者的区别，此工况下标准模型正中位置处的温度场和流场分布见图 3-5。

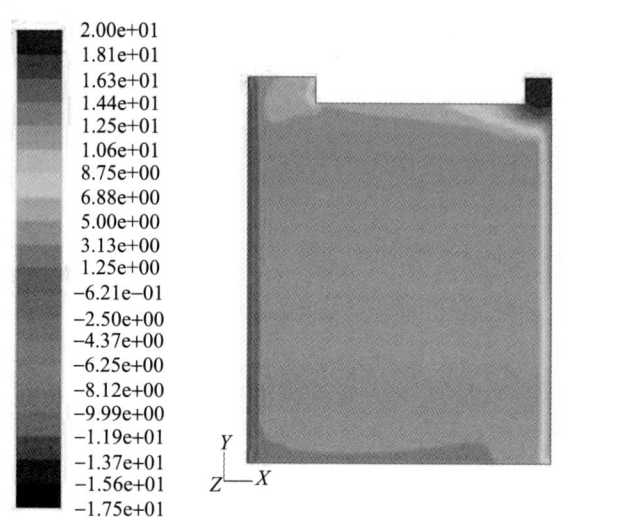

(a) 温度场

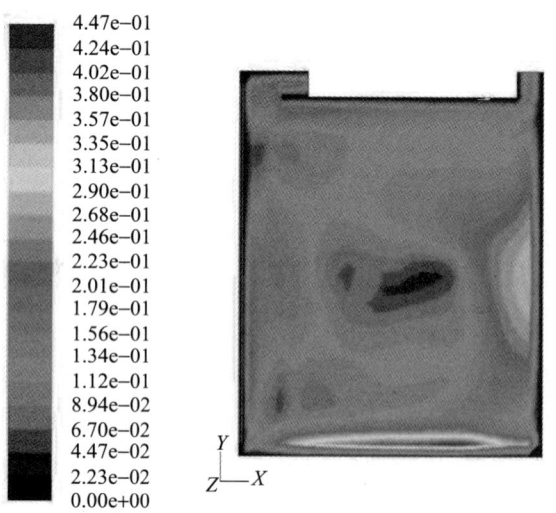

(b) 流场

图 3-5 机械通风单层幕墙温度场和流场分布图

3.2.3 无通风双层幕墙

与机械通风双层幕墙工况相比,此工况双层幕墙进风口和出风口均处于开启状态,标准模型的进风口和出风口均处于关闭状态,此工况下标准模型正中位置处的温度场和流场分布见图 3-6。

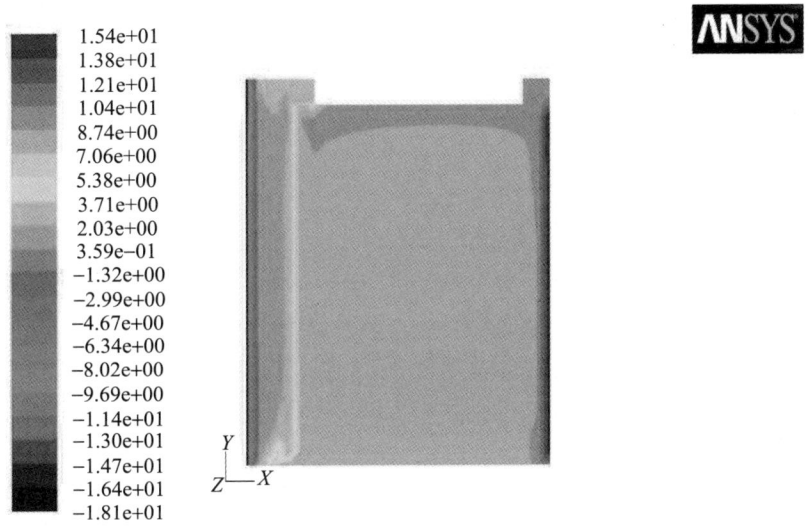

(a) 温度场

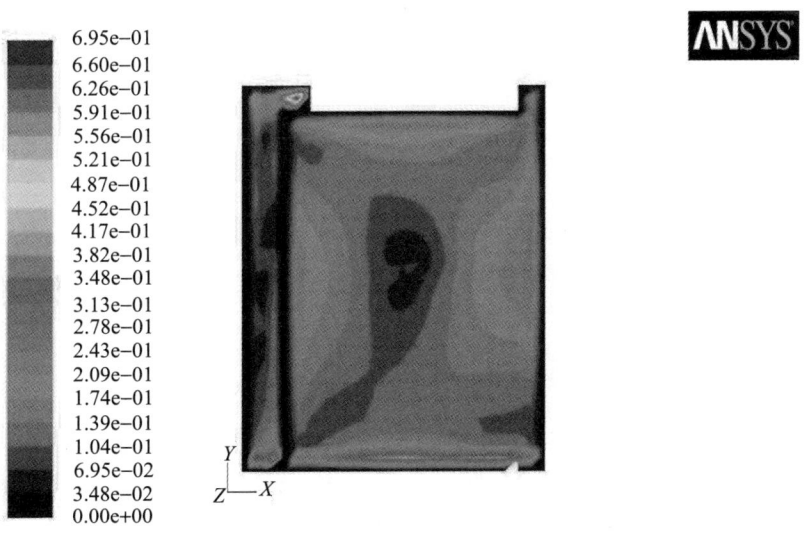

(b) 流场

图 3-6 无通风双层幕墙温度场和流场分布图

3.2.4 无通风单层幕墙

为对比单层幕墙和双层幕墙在无机械通风时的热工性能，进行了该工况模型的分析，此时幕墙为单层玻璃，此工况下标准模型正中位置处的温度场和流场分布见图3-7。

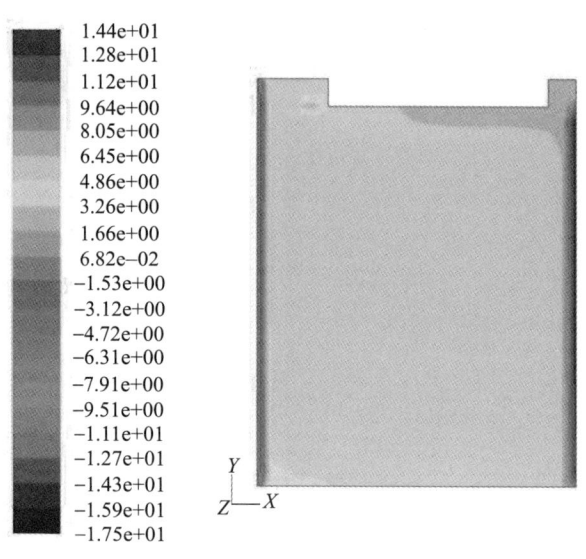

(a)温度场

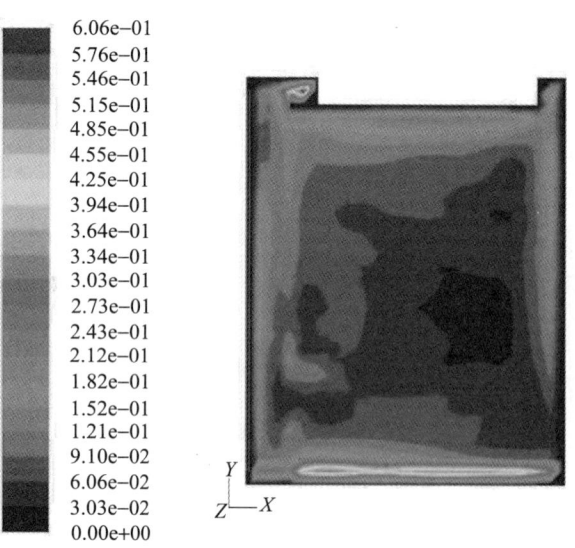

(b)流场

图 3-7 无通风单层幕墙温度场和流场分布图

3.2.5 封闭双层幕墙（室内通风）

为对比分析双层幕墙与中空玻璃单层幕墙的热工性能，进行了该工况下模型的热工性能分析，此时关闭双层幕墙自身的进风口和出风口，标准模型室内环境仍有新风进入和相应的机械排风，此工况下标准模型正中位置处的温度场和流场分布见图3-8。

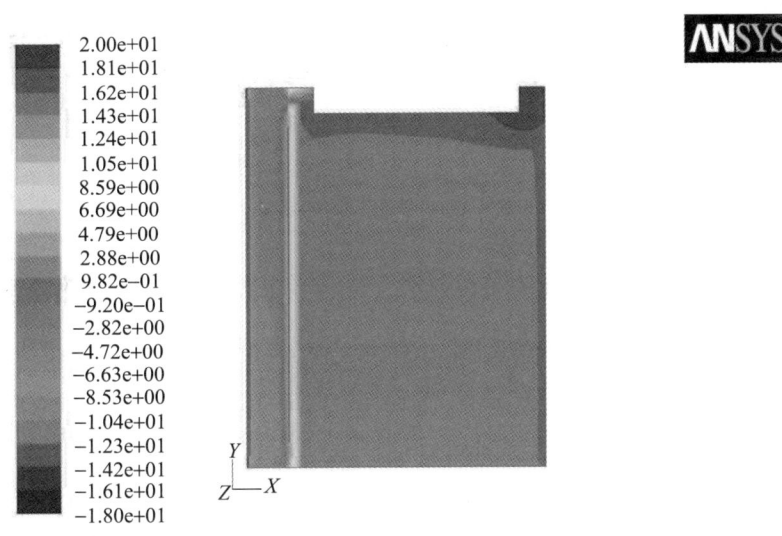

(a) 温度场

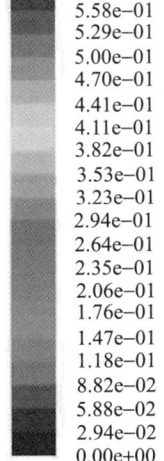 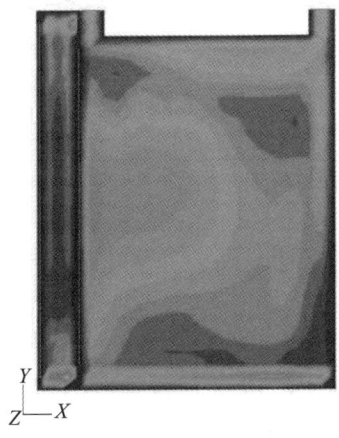

(b) 流场

图3-8 封闭双层幕墙（室内通风）温度场和流场分布图

3.2.6 冬季工况结果汇总及分析

汇总上述各工况下的分析结果见表3-4。

表3-4 各工况下分析结果汇总

冬季工况	室内空气表面热流量/(W/m²)	内玻内表面热流量/(W/m²)	外玻外表面热流量/(W/m²)	内玻内表面温度/℃	出风口温度/℃
1 机械通风双层	29.07	36.94	−50.80	5.44	10.10
2 机械通风单层	46.71	−61.36	−55.94	−5.46	12.31
3 无通风双层	46.14	33.64	−42.31	2.49	—
4 无通风单层	56.73	−52.09	−55.34	−5.25	—
5 通风、关闭双层	37.84	39.63	−42.92	3.76	10.03

选取"能耗评价标准面"作为该标准模型的评价指标，针对该指标对比各工况分析结果见表3-5。

表3-5 各工况对比分析

冬季工况	能耗评价标准面热流量/(W/m²)	温差/K	温差1K时通过能耗评价标准面热流量/[W/(m²·K)]	提高值	提高比例/%
1 机械通风双层	29.07	40	0.727	0.441	44.10
2 机械通风单层	46.71		1.168		
3 无通风双层	46.14		1.154	0.264	18.62
4 无通风单层	56.73		1.418		
5 通风、关闭双层	37.84		0.946		

针对工况1，机械内循环通风时，进入室内的新鲜空气温度为20℃，风速为0.2m/s，进风口横截面面积为 $0.2m \times 0.2m = 0.04m^2$，进入室内的新风量为 $V = 0.04 \times 0.2 = 0.008m^3/s$。空气比热为 $c_p = 1006J/(kg·K)$，进入室内的热量为

$$Q_1 = 1006 \times 20 \times 1.225 \times 0.008 = 1971.76J/s = 197.18W$$

通过能耗评价标准面进入室内的热流量为29.07W/m²，热量为

$$Q_2 = 29.07 \times 1.5 \times 2.8 = 122.09W$$

对于双层幕墙，通过外玻外表面流向室外的热流量为50.80W/m²，热量为

$$Q_3 = 50.8 \times 1.5 \times 3 = 228.6W;$$

出风口温度为10.10℃，流失的热量为

$$Q_4 = 1006 \times 10.1 \times 1.225 \times 0.008 = 1654.31J/s = 99.57W$$

此处：$Q_1 + Q_2 \approx Q_3 + Q_4$。热传递过程中热量保持平衡。

不同工况下的温度场分布对比见图3-9。

由图3-4～图3-9可知，机械通风作用下双层幕墙（工况1）与其他工况相比，室内温度分布较为均匀而且环境温度较高，说明工况1条件下保温效果最好，而且舒适度较高。

通过对比内玻内表面温度可知，工况1温度最高，为13.15℃，与室内环境温差为6.85℃，环境舒适性较好。

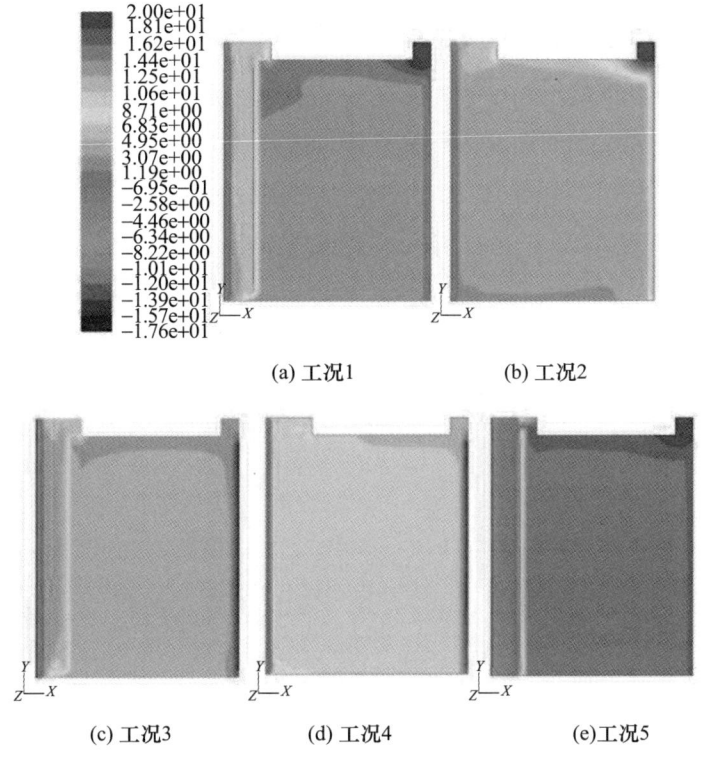

图 3-9 温度场分布对比

虽然关闭双层幕墙内部通风（工况 5）时，室内环境温度分布较为均匀，内玻内表面温度（8.24℃）亦较高，而且室内空气表面的热流量为 16.84W/m²，与工况 1 分析结果较为接近，但其室内温度与工况 1 相比较低，且内玻内表面温度与室内环境温差较大，舒适度较工况 1 差。

3.3 夏季工况分析结果

夏季条件下，双层幕墙和单层幕墙示意图见图 3-10。

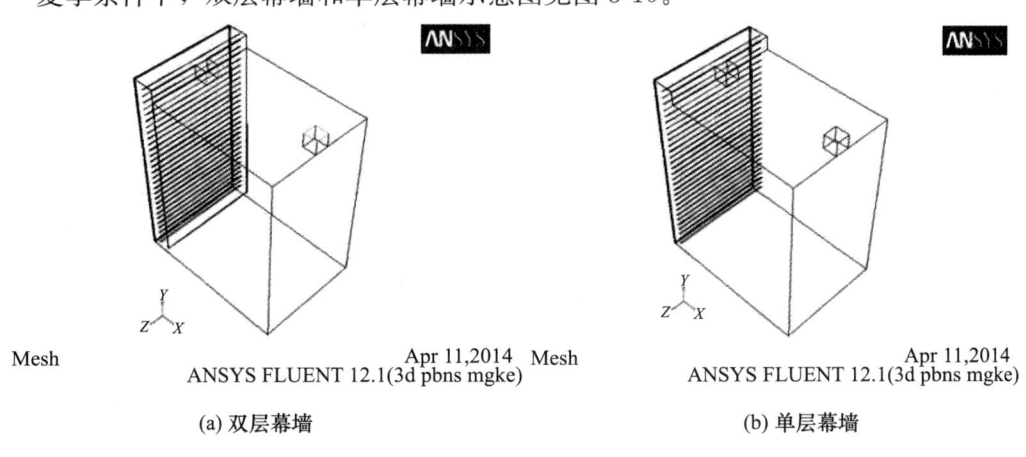

图 3-10 夏季条件下双层幕墙和单层幕墙

3.3.1 机械通风双层幕墙

双层幕墙进风口和出风口均处于开启状态，出风口机械排风，室内有新风进入，此工况下标准模型正中位置处的温度场和流场分布见图 3-11。

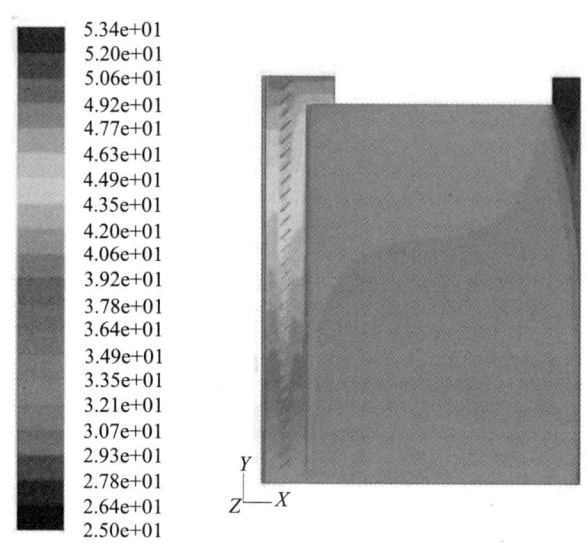

(a) 温度场

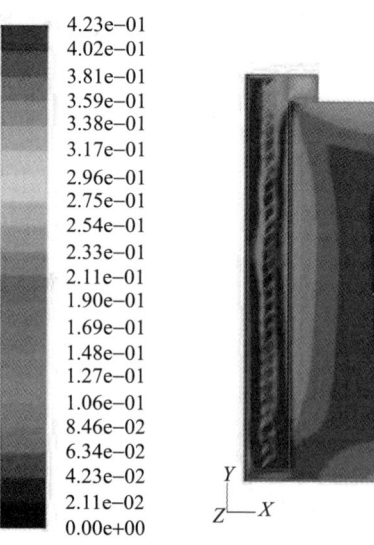

(b) 流场

图 3-11　温度场和流场分布图（一）

3.3.2 机械通风单层幕墙

与机械通风双层幕墙工况相比，此工况将双层幕墙改为单层幕墙，以此分析二者的区别，此工况下标准模型正中位置处的温度场和流场分布见图 3-12。

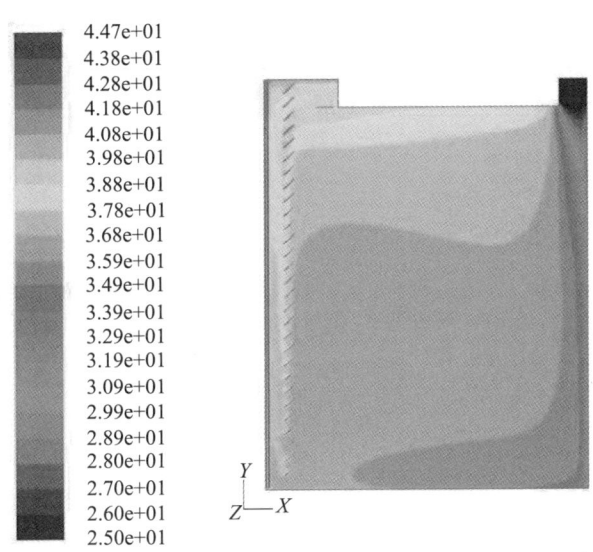

(a) 温度场

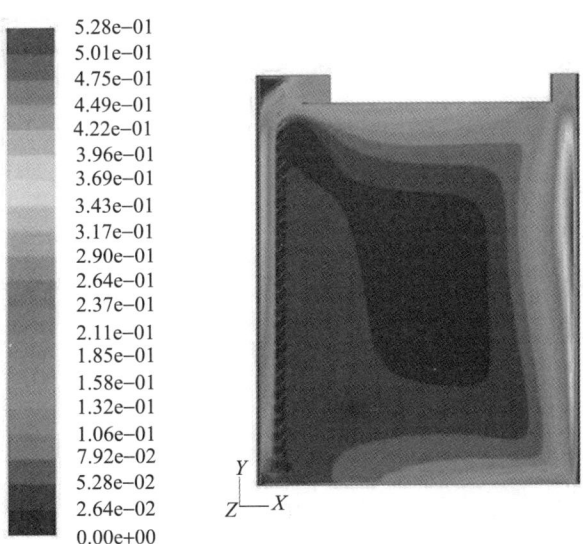

(b) 流场

图 3-12 温度场和流场分布图（二）

3.3.3 无通风双层幕墙

与机械通风双层幕墙工况相比，此工况双层幕墙进风口和出风口均处于开启状态，标准模型的进风口和出风口均处于关闭状态，此工况下标准模型正中位置处的温度场和流场分布见图 3-13。

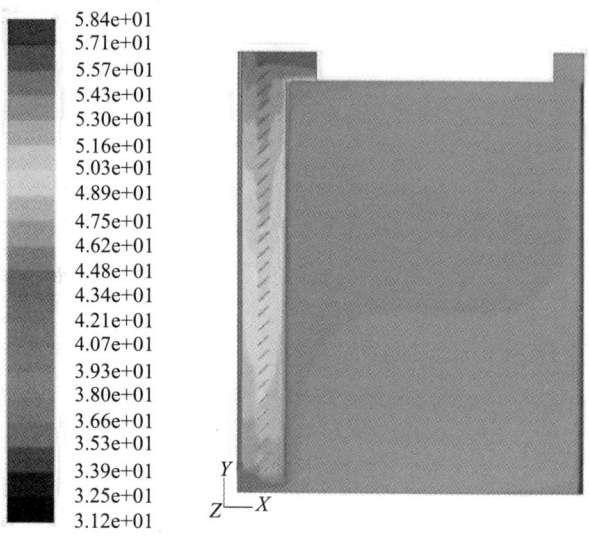

(a) 温度场

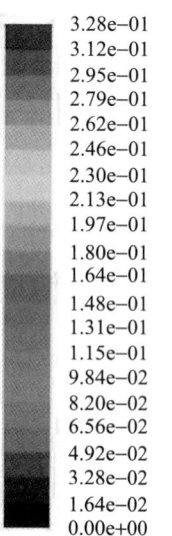

(b) 流场

图 3-13 温度场和流场分布图（三）

3.3.4 无通风单层幕墙

为对比单层幕墙和双层幕墙在无机械通风时的热工性能,进行了该工况模型的分析,此时幕墙为单层玻璃,此工况下标准模型正中位置处的温度场和流场分布见图 3-14。

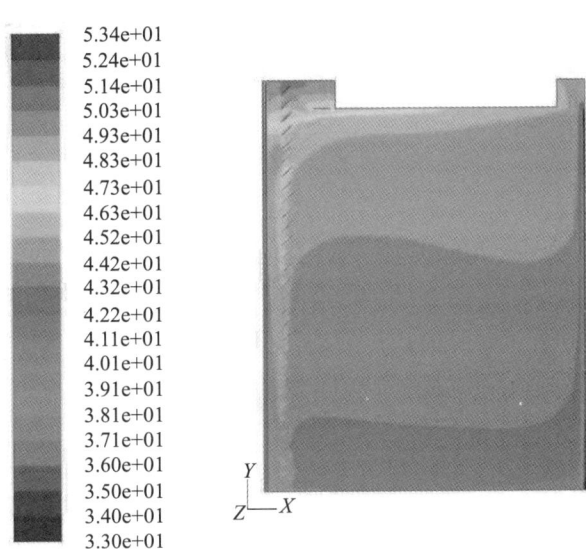

(a) 温度场

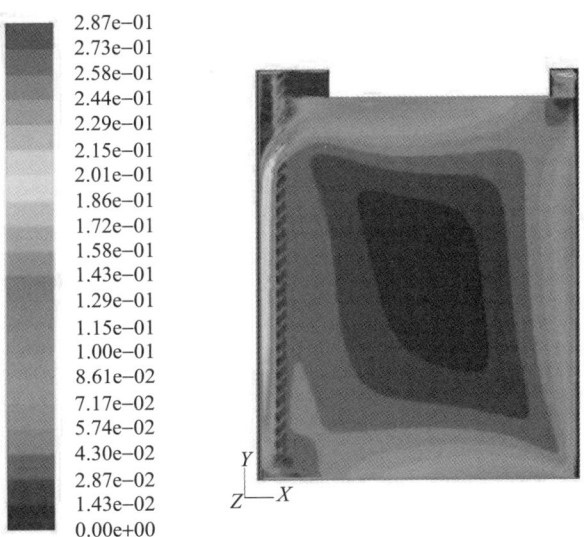

(b) 流场

图 3-14 温度场和流场分布图(四)

3.3.5 封闭双层幕墙（室内通风）

为对比分析双层幕墙与中空玻璃单层幕墙的热工性能，进行了该工况下模型的热工性能分析，此时关闭双层幕墙自身的进风口和出风口，标准模型室内环境仍有新风进入和相应的机械排风，此工况下标准模型正中位置处的温度场和流场分布见图 3-15。

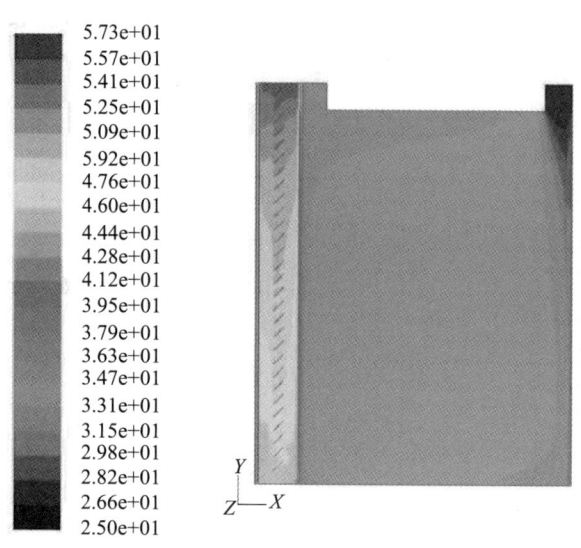

(a) 温度场

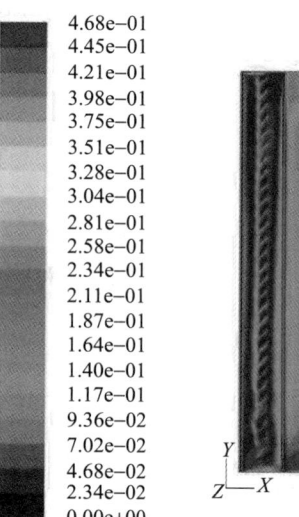

(b) 流场

图 3-15　温度场和流场分布图（五）

3.3.6 结果汇总及分析

汇总上述各工况下的分析结果见表 3-6。

表 3-6 各工况下分析结果汇总

夏季工况	室内空气表面热流量/（W/m²）	内玻内表面热流量/（W/m²）	外玻外表面热流量/（W/m²）	内玻内表面温度/℃	出风口温度/℃
1 机械通风双层	−32.69	48.96	−209.95	38.54	48.17
2 机械通风单层	−47.63	14.67	−194.97	40.29	39.43
3 无通风双层	−60.43	58.18	−239.56	45.57	—
4 无通风单层	−77.83	−12.01	−220.47	44.80	—
5 通风、关闭双层	−43.77	68.83	−234.02	43.10	36.03

选取"能耗评价标准面"作为该标准模型的评价指标，针对该指标对比各工况分析结果，分析结果见表 3-7。

表 3-7 各工况对比分析结果

夏季工况	能耗评价标准面热流量/（W/m²）	温差/K	温差 1K 时通过能耗评价标准面热流量/[W/(m²·K)]	提高值	提高比例
1 机械通风双层	−32.69	5	6.538	2.988	31.37%
2 机械通风单层	−47.63		9.526		
3 无通风双层	−60.43		12.086	3.48	22.36%
4 无通风单层	−77.83		15.566		
5 通风、关闭双层	−43.77		3.624	—	—

不同工况下的温度场分布对比图见图 3-16。

由图 3-11～图 3-16 可知：

（1）机械通风作用下双层幕墙（工况 1）与其他工况相比，室内环境温度最低，利于夏季保持室内舒适度；

（2）虽然关闭双层幕墙内部通风（工况 5）时，室内环境温度分布与工况 1 较为接近，但其内玻内表面温度（43.10℃）明显偏高，与室内环境温度温差较大，室内舒适度较差。

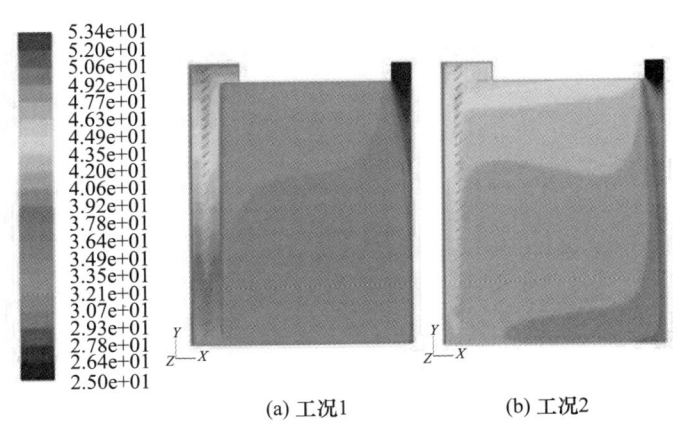

(a) 工况1　　　　(b) 工况2

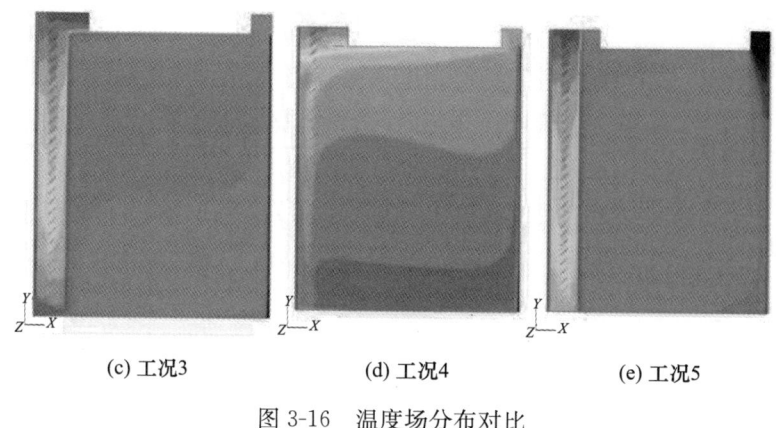

图 3-16 温度场分布对比

3.4 小 结

通过对标准模型在冬季和夏季条件下不同工况评价分析可得出以下结论：

（1）无论冬季、夏季，内循环双层幕墙在机械通风工况下的热工性能和舒适度均优于其他工况；

（2）冬季：机械通风双层与机械通风单层相比，能耗评价标准面热流量降低了 17.64W/m²，节能总量为 74.09W，节能率为 44.1%，对应每 1m² 幕墙节能 16.46W/m²，对应每 1m² 建筑面积节能 24.70W/m²；无通风时，双层幕墙与单层幕墙相比，节能效率为 18.62%；

（3）夏季：机械通风双层与机械通风单层相比，能耗评价标准面热流量降低了 14.94W/m²，节能总量为 62.75W，节能率为 31.37%，对应每 1m² 幕墙节能 13.94W/m²，对应每 1m² 建筑面积节能 20.92W/m²；无通风时，双层幕墙与单层幕墙相比，节能效率为 22.36%；

（4）由于内呼吸双层幕墙良好的热工性能指标，可广泛推广。

4 内循环双层幕墙热工性能影响因素分析

双层幕墙作为一个复杂的综合性系统,其热工性能影响因素较多。双层幕墙热工性能的主要因素有进风口尺寸、空气间层厚度、高度和宽度、玻璃表面辐射率、出风口风速等。

对于不同地区、不同气候条件,应采用不同设计参数的双层幕墙,因此有必要分析不同影响因素对其热工性能的影响规律,给实际工程设计提供技术支持和必要指导。本章结合实际情况,调整相关参数,并分析其变化对热工性能的影响。

4.1 模型建立

本章建立典型内循环双层幕墙模型,采用 Gambit 对模型进行网格划分,采用 Fluent 对其热工性能进行分析。内循环双层幕墙示意图及相关尺寸见图 4-1,图中 H、B 和 D 分别表示热通道的高度、宽度、厚度,d_{in} 表示进风口高度,d_{out} 表示方形出风口边长,H 取固定值 3000mm。本章所研究的各影响参数及其取值见表 4-1。

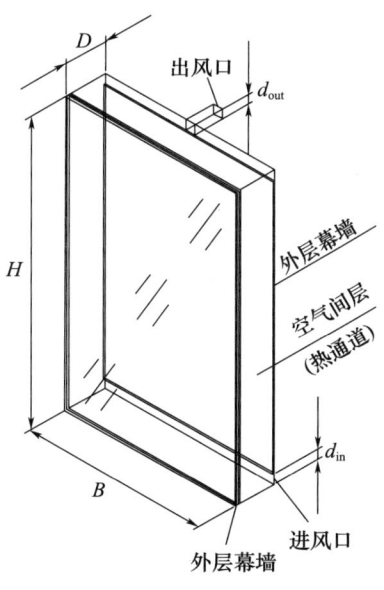

图 4-1 内循环双层幕墙示意图

表 4-1 影响参数

水平	因素				
	厚度 D/mm	宽度 B/mm	进风口高度 d_{in}/mm	出风口风速 v/(m/s)	辐射率
1	200	1000	10	0	0.01

续表

水平	因素				
	厚度 D/mm	宽度 B/mm	进风口高度 d_{in}/mm	出风口风速 v/(m/s)	辐射率
2	300	1500	25	0.1	0.04
3	400	2000	50	0.5	0.08
4	—	—	100	1.0	0.10
5	—	—	—	2.0	0.20
6	—	—	—	3.0	0.40
7	—	—	—	4.0	0.60
8	—	—	—	5.0	0.84

4.2 分析结果

针对不同分析工况，调整不同的设计参数，采用 Fluent 分析其热工性能。每种工况，分别分析了外玻 1（WB1）内表面、外玻 2（WB2）内表面、内玻（NB）内表面、出风口（OUTLET）的加权平均温度变化规律，并分析了对应工况的 U 值。

4.2.1 热通道厚度为 200mm

4.2.1.1 热工性能随出风口风速变化结果（不同进风口高度）

空气间层高度为 3000mm、宽度为 1000mm、厚度为 200mm 时，进风口高度分别为 10mm、25mm、50mm、100mm 时外玻 1（WB1）内表面、外玻 2（WB2）内表面、内玻（NB）内表面、出风口（OUTLET）的平均温度以及 U 值随出风口风速变化结果见表 4-2 和图 4-2。此时各模型外玻 1 内表面辐射率为 0.84。

表 4-2 热工性能随出风口风速变化结果

设计参数	风速/(m/s)	温度/℃				传热系数/[W/(m²·K)]
	v	WB1	WB2	NB	OUTLET	U
$d_{in}=10$mm	5.00	−13.75	4.94	16.41	15.95	0.74
	4.00	−13.95	4.14	15.91	15.42	0.85
	3.00	−14.27	2.98	15.35	14.74	0.96
	2.00	−14.65	1.56	14.70	13.63	1.10
	1.00	−15.20	−0.46	13.79	11.50	1.28
	0.50	−15.62	−2.09	13.11	9.51	1.42
	0.10	−16.06	−3.78	12.12	7.28	1.62
	0.00	−16.20	−4.33	11.73	—	1.69
$d_{in}=25$mm	5.00	−14.08	3.61	15.89	16.46	0.85
	4.00	−14.32	2.75	15.46	16.06	0.94
	3.00	−14.60	1.74	15.03	15.45	1.03

续表

设计参数	风速/(m/s) v	温度/℃				传热系数/[W/(m²·K)] U
		WB1	WB2	NB	OUTLET	
$d_{in}=25mm$	2.00	−14.91	0.60	14.51	14.43	1.14
	1.00	−15.33	−0.97	13.79	12.40	1.28
	0.50	−15.63	−2.11	13.29	10.26	1.38
	0.10	−15.85	−2.97	12.65	8.79	1.51
	0.00	−16.21	−4.36	11.71	—	1.70
$d_{in}=50mm$	5.00	−14.29	2.89	15.77	16.69	0.88
	4.00	−14.48	2.17	15.41	16.27	0.95
	3.00	−14.69	1.39	15.01	15.62	1.03
	2.00	−14.95	0.45	14.52	14.59	1.13
	1.00	−15.31	−0.90	14.01	12.71	1.24
	0.50	−15.46	−1.47	13.60	11.73	1.32
	0.10	−15.59	−1.98	13.27	10.65	1.38
	0.00	−16.23	−4.43	11.67	—	1.71
$d_{in}=100mm$	5.00	−14.29	2.94	15.90	16.62	0.85
	4.00	−14.43	2.43	15.69	16.04	0.89
	3.00	−14.60	1.81	15.34	15.20	0.96
	2.00	−14.93	0.48	14.62	14.84	1.11
	1.00	−15.05	0.01	14.43	14.49	1.15
	0.50	−15.11	−0.20	14.31	14.24	1.18
	0.10	−15.17	−0.40	14.22	14.04	1.19
	0.00	−16.27	−4.59	11.61	—	1.72

由表4-2和图4-2可知：

(1) 外玻1内表面、外玻2内表面、内玻内表面、出风口的加权平均温度均随出风口风速的增大而提高；

(2) 各模型U值随出风口风速的增大而降低；

(3) 关闭出风口无机械通风时，各热工性能数据结果基本相同；

(4) 当出风口风速由0变化到0.1m/s时，各模型外玻1内表面、外玻2内表面、内玻内表面平均温度均有显著提高，U值明显减小，特别是进风口高度为100mm对应模型的温度和U值变化幅度最大；进风口高度为10mm、25mm、50mm和100mm对应模型的外玻1内表面平均温度分别提高了0.14℃、0.36℃、0.64℃、1.1℃；进风口高度为10mm、25mm、50mm和100mm对应模型的外玻2内表面平均温度分别提高了0.55℃、1.39℃、2.45℃、4.19℃；进风口高度为10mm、25mm、50mm和100mm对应模型的内玻内表面平均温度分别提高了0.39℃、0.94℃、1.6℃、2.61℃；进风口高度为10mm、25mm、50mm和100mm对应模型的U值分别减小了0.07W/(m²·K)、0.19W/(m²·K)、0.33W/(m²·K)、0.53W/(m²·K)；

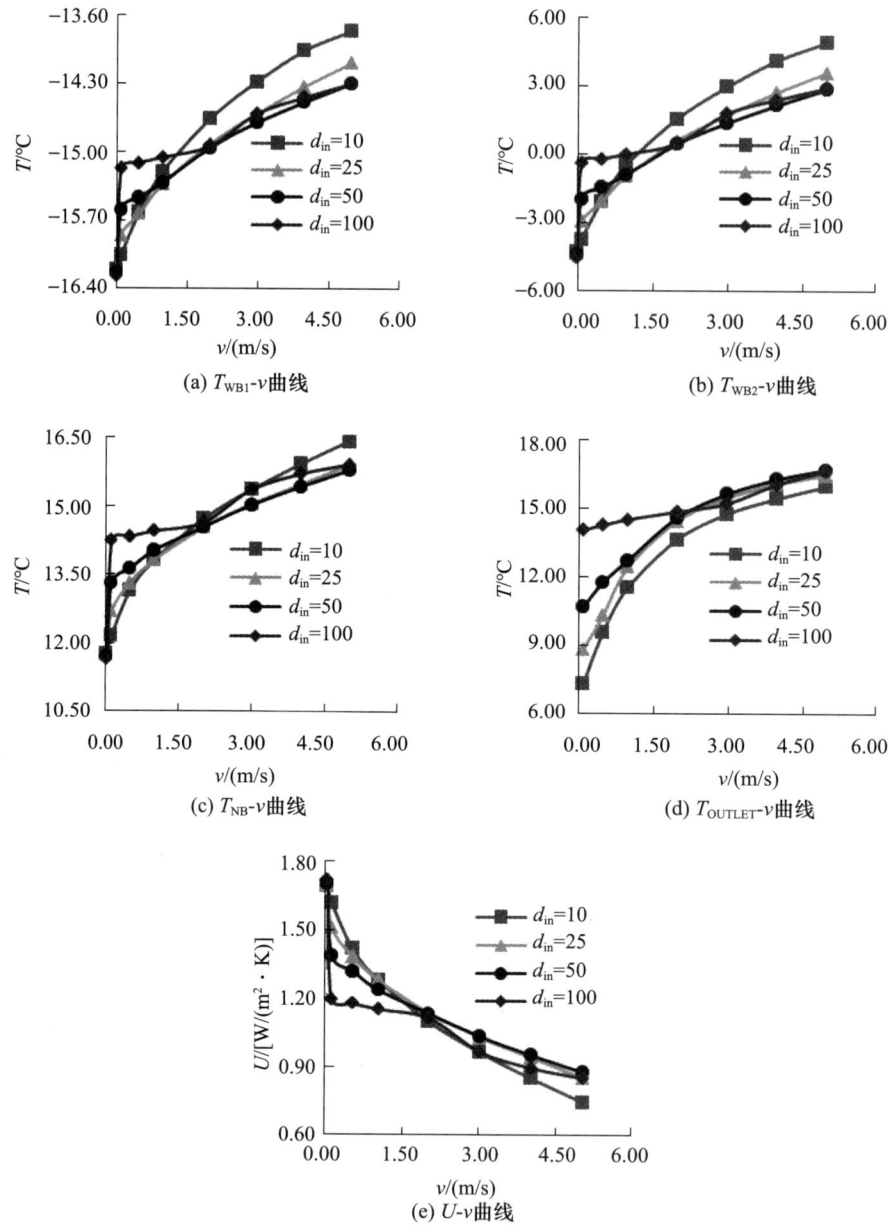

图 4-2 热工性能随出风口风速变化曲线

（5）外玻 1 内表面、外玻 2 内表面的加权平均温度随出风口风速的增大具有相近的变化规律：进风口高度为 10mm 时，其温度整体提高速度最快，之后依次是进风口高度为 25mm、50mm、100mm 对应的模型温度；当进风口高度为 10mm 和 25mm 时，其温度变化速度较为均匀；当进风口高度为 50mm 和 100mm、出风口风速从 0 到 0.1m/s 时，其温度变化幅度较大，之后温度提高速度较为均匀；

（6）出风口风速为 0～0.1m/s 时，各对应模型的内玻内表面加权平均温度均显著提高；出风口风速大于 2m/s 时，进风口高度为 25mm 和 50mm 对应模型的温度基本相等；

（7）进风口高度为10mm时，在相同出风口风速条件下其出风口加权平均温度均为最低；出风口风速为0~2m/s时，出风口温度随进风口高度的增大而逐步提高；出风口风速大于2m/s时，进风口高度为25mm、50mm和100mm对应模型的温度较为接近，且均大于进风口高度为10mm模型对应的温度；

（8）随着出风口风速的增大，进风口高度为10mm对应模型的U值下降速度最快；当进风口风速为0~0.1m/s时，随着进风口高度的增加，U值逐渐减小，而且进风口高度100mm对应模型的U值减小幅度最大；出风口风速小于2m/s，进风口高度为100mm对应模型的U值最小；出风口风速为2m/s时，不同进风口高度对应模型的U值较为接近；出风口风速大于2m/s时，进风口高度为10mm对应模型的U值最小，进风口高度为25mm和50mm对应模型的U值基本相等，进风口高度为100mm对应模型的U值随出风口风速的增大而降低但降速减小。

4.2.1.2 热工性能随外玻1内表面辐射率结果（不同通道宽度）

热通道高度为3000mm、厚度为200mm、无机械通风，宽度分别为1000mm、1500mm、2000mm时外玻1（WB1）内表面、外玻2（WB2）内表面、内玻（NB）内表面的面积加权平均温度以及U值随外玻1内表面辐射率变化的结果见表4-3和图4-3。

表4-3 热工性能随外玻1内表面辐射率变化结果

设计参数	内玻1表面辐射率 ε	温度/℃ WB1	WB2	NB	传热系数/[W/(m²·K)] U
$B=1000$mm	0.84	−16.27	−4.59	11.61	1.72
	0.60	−16.41	−3.58	11.94	1.65
	0.40	−16.56	−2.48	12.30	1.58
	0.20	−16.77	−1.00	12.79	1.48
	0.10	−16.91	−0.06	13.10	1.42
	0.08	−16.94	0.15	13.17	1.41
	0.04	−17.00	0.59	13.32	1.38
	0.01	−17.06	0.95	13.43	1.35
	0.00	−17.08	1.08	13.48	1.38
$B=1500$mm	0.84	−16.24	−4.49	11.56	1.73
	0.60	−16.39	−3.48	11.89	1.66
	0.40	−16.54	−2.37	12.26	1.59
	0.20	−16.76	−0.89	12.75	1.49
	0.10	−16.90	0.06	13.07	1.43
	0.08	−16.93	0.27	13.14	1.41
	0.04	−16.99	0.72	13.29	1.38
	0.01	−17.04	1.08	13.41	1.36
	0.00	−17.06	1.20	13.45	1.35

续表

设计参数	内玻1表面辐射率 ε	温度/℃			传热系数/[W/(m²·K)] U
		WB1	WB2	NB	
B=2000mm	0.84	−16.23	−4.43	11.53	1.74
	0.60	−16.37	−3.42	11.87	1.67
	0.40	−16.53	−2.31	12.24	1.59
	0.20	−16.75	−0.83	12.73	1.49
	0.10	−16.89	0.13	13.06	1.43
	0.08	−16.92	0.34	13.13	1.41
	0.04	−16.99	0.79	13.28	1.38
	0.01	−17.04	1.15	13.40	1.36
	0.00	−17.06	1.27	13.44	1.35

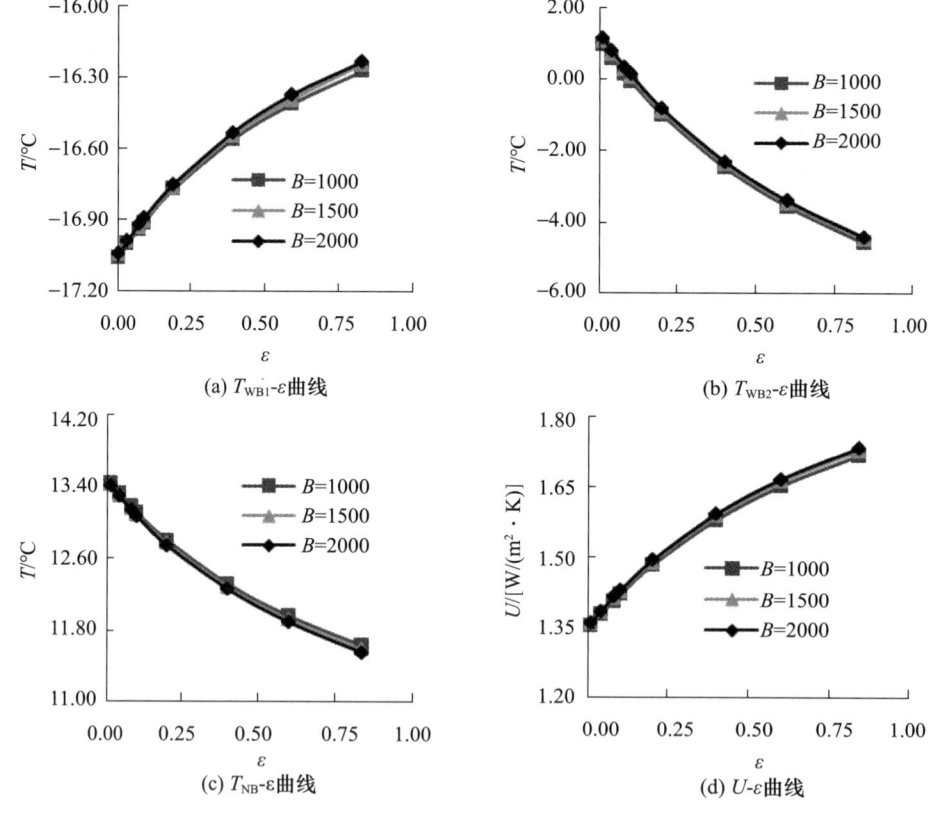

图 4-3 热工性能随外玻 1 表面辐射率变化曲线

由表 4-3 和图 4-3 可知：

（1）外玻 1 内表面的加权平均温度和 U 值随着外玻 1 内表面辐射率的增大而逐步提高，变化曲线光滑；

（2）外玻 2 内表面和内玻内表面的加权平均温度均随外玻 1 内表面辐射率的增大而降低，变化曲线光滑；

(3) 关闭进风口无机械通风时，各热工性能数据结果较为接近；

(4) 当关闭进风口且出风口无机械通风时，热通道宽度的大小对热工性能的影响很小。

4.2.1.3 热工性能随出风口风速变化结果（不同通道宽度）

热通道高度为3000mm，厚度为200mm，宽度分别为1000mm、1500mm、2000mm时外玻1（WB1）内表面、外玻2（WB2）内表面、内玻（NB）内表面、出风口（OUTLET）的面积加权平均温度以及U值随出风口风速变化的结果见表4-4和图4-4。此时各模型进风口高度均为100mm，外玻1内表面辐射率为0.84，由于热通道宽度为2000mm时，需要较大的出风口风速才能使不同热通道宽度模型的通道内风速较为接近，故分析时出风口风速最大值为10m/s。

表4-4 热工性能随出风口风速变化结果

设计参数	风速/(m/s)	温度/℃				传热系数/[W/(m²·K)]
	v	WB1	WB2	NB	OUTLET	U
$B=1000$mm	5.00	−14.29	2.94	15.90	16.62	0.85
	4.00	−14.43	2.43	15.69	16.04	0.89
	3.00	−14.60	1.81	15.34	15.20	0.96
	2.00	−14.93	0.48	14.62	14.84	1.11
	1.00	−15.05	0.01	14.43	14.49	1.15
	0.50	−15.11	−0.20	14.31	14.24	1.18
	0.10	−15.17	−0.40	14.22	14.04	1.19
	0.00	−16.27	−4.59	11.61	—	1.72
$B=1500$mm	5.00	−14.59	1.78	15.15	15.81	1.00
	4.00	−14.73	1.24	14.88	15.22	1.06
	3.00	−14.80	0.99	14.77	14.81	1.08
	2.00	−14.90	0.59	14.57	14.57	1.12
	1.00	−15.04	0.08	14.32	14.32	1.17
	0.50	−15.12	−0.22	14.21	14.16	1.19
	0.10	−15.13	−0.25	14.20	14.04	1.20
	0.00	−16.24	−4.49	11.56	—	1.73
$B=2000$mm	10.00	−14.29	2.97	15.82	16.65	0.87
	9.00	−14.40	2.53	15.47	16.54	0.94
	8.00	−14.47	2.26	15.34	16.26	0.97
	7.00	−14.55	1.95	15.19	15.91	1.00
	6.00	−14.65	1.59	15.00	15.50	1.03
	5.00	−14.79	1.05	14.74	15.21	1.09
	4.00	−14.90	0.63	14.56	15.00	1.12
	2.00	−14.97	0.36	14.41	14.58	1.15

续表

设计参数	风速/(m/s) v	温度/℃				传热系数/[W/(m²·K)] U
		WB1	WB2	NB	OUTLET	
$B=2000\text{mm}$	1.00	−15.00	0.24	14.33	14.29	1.17
	0.10	−15.10	−0.11	14.21	14.02	1.19
	0.00	−16.23	−4.43	11.53	—	1.74

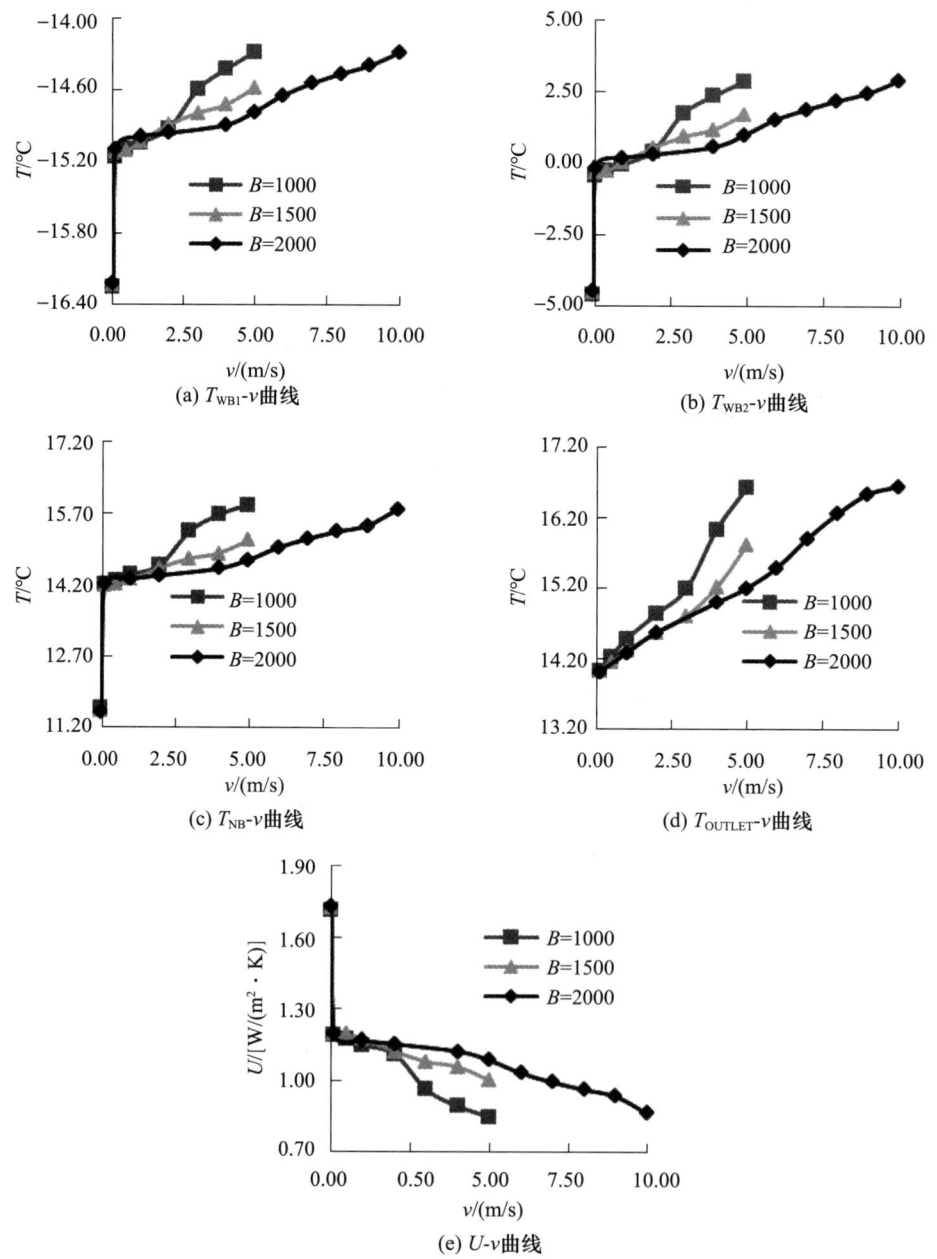

图 4-4 热工性能随出风口风速变化曲线

由表 4-4 和图 4-4 可知：

（1）外玻 1 内表面、外玻 2 内表面、内玻内表面、出风口的加权平均温度均随出风口风速的增大而提高，风速位于 0.1~2m/s 之间时各模型表面温度变化不大；

（2）各模型 U 值随出风口风速的增大而降低，风速位于 0.1~2m/s 之间时各模型 U 值变化不大；

（3）关闭出风口无机械通风时，各热工性能数据结果基本相同；

（4）当出风口风速由 0 变化到 0.1m/s 时，各模型外玻 1 内表面、外玻 2 内表面、内玻内表面平均温度均有显著提高，U 值显著减小；热通道宽度为 1000mm、1500mm 和 2000mm 时对应模型的外玻 1 内表面平均温度分别提高了 1.1℃、1.11℃、1.13℃；热通道宽度为 1000mm、1500mm 和 2000mm 时对应模型的外玻 2 内表面平均温度分别提高了 4.19℃、4.24℃、4.32℃；热通道宽度为 1000mm、1500mm 和 2000mm 时对应模型的内玻内表面平均温度分别提高了 2.61℃、2.64℃、2.68℃；热通道宽度为 1000mm、1500mm 和 2000mm 时对应模型的 U 值均减小了 0.53W/($m^2 \cdot K$)；

（5）外玻 1 内表面、外玻 2 内表面和内玻内表面的加权平均温度随出风口风速的增大具有相近的变化规律：热通道宽度 1000mm 时，其温度提高速度最快，之后依次是热通道宽度为 1500mm、2000mm 时对应模型的温度；当出风口风速小于 2m/s 时，各表面温度相差不大；当出风口风速大于 2m/s 时，热通道宽度为 1000mm 时对应模型各表面温度最高，之后依次是热通道宽度为 1500mm 和 2000mm 时对应模型的表面温度；

（6）出风口风速小于 2m/s 时，热通道宽度为 1500mm 和 2000mm 时对应模型的出风口温度基本相等；出风口风速大于 2m/s 时，热通道宽度为 1500mm 较热通道宽度为 2000mm 对应模型的出风口温度高；无论出风口风速大小，热通道宽度为 1000mm 时对应模型的出风口温度均最高；

（7）随着出风口风速的增大，热通道宽度为 1000mm 时对应模型的 U 值下降速度最快；出风口风速小于 2m/s 时，不同热通道宽度对应模型的 U 值较为接近；出风口风速大于 2m/s 时，热通道宽度为 1000mm 时对应模型的 U 值最低，之后依次是热通道宽度为 1500mm 和 2000mm 时对应模型的 U 值；热通道宽度为 2000mm 时对应模型的 U 值随着风速的增大而降低但幅度有限，当出风口风速为 10m/s 时，其 U 值为 0.87W/($m^2 \cdot K$)，而热通道宽度为 1000mm 时对应模型在出风口风速为 5m/s 时的 U 值为 0.85W/($m^2 \cdot K$)，此时两个模型热通道内气体平均流速相等。

4.2.2 热通道厚度为 300mm

4.2.2.1 热工性能随出风口风速变化结果（不同进风口高度）

空气间层高度为 3000mm、宽度为 1000mm、厚度为 300mm，进风口高度分别为 10mm、25mm、50mm、100mm 时外玻 1（WB1）内表面、外玻 2（WB2）内表面、内玻（NB）内表面、出风口（OUTLET）的面积加权平均温度以及 U 值随出风口风速变化结果见表 4-5 和图 4-5。此时各模型进风口高度均为 100mm，外玻 1 内表面辐射率为 0.84。

表 4-5 热工性能随出风口风速变化结果

设计参数	风速/(m/s) v	温度/℃ WB1	WB2	NB	OUTLET	传热系数/[W/(m²·K)] U
$d_{in}=10$mm	5.00	−13.61	5.47	16.58	15.76	0.71
	4.00	−13.90	4.36	16.05	15.29	0.82
	3.00	−14.28	2.95	15.47	14.68	0.94
	2.00	−14.73	1.29	14.83	13.66	1.07
	1.00	−15.31	−0.89	13.99	11.58	1.24
	0.50	−15.74	−2.53	13.30	9.74	1.38
	0.10	−16.16	−4.16	12.33	7.23	1.57
	0.00	−16.35	−4.90	12.07	—	1.63
$d_{in}=25$mm	5.00	−14.15	3.37	15.81	16.56	0.87
	4.00	−14.43	2.35	15.40	16.22	0.95
	3.00	−14.73	1.23	14.98	15.51	1.04
	2.00	−15.11	−0.16	14.54	14.86	1.13
	1.00	−15.49	−1.57	14.00	12.74	1.24
	0.50	−15.73	−2.50	13.45	10.65	1.35
	0.10	−16.05	−3.72	12.69	8.66	1.50
	0.00	−16.36	−4.94	12.05	—	1.63
$d_{in}=50$mm	5.00	−14.46	2.24	15.55	16.94	0.92
	4.00	−14.68	1.43	15.23	16.60	0.99
	3.00	−14.90	0.62	14.90	16.05	1.06
	2.00	−15.17	−0.39	14.69	15.03	1.10
	1.00	−15.44	−1.38	14.12	13.03	1.21
	0.50	−15.63	−2.12	13.67	11.59	1.31
	0.10	−15.81	−2.79	13.31	10.81	1.38
	0.00	−16.38	−5.01	12.01	—	1.64
$d_{in}=100$mm	5.00	−14.59	1.81	15.46	17.06	0.94
	4.00	−14.76	1.15	15.22	16.67	0.99
	3.00	−14.94	0.49	15.06	16.12	1.02
	2.00	−15.05	0.08	14.71	15.52	1.09
	1.00	−15.16	−0.34	14.52	15.03	1.13
	0.50	−15.24	−0.62	14.40	14.60	1.16
	0.10	−15.32	−0.92	14.24	14.08	1.19
	0.00	−16.23	−4.44	12.38	—	1.64

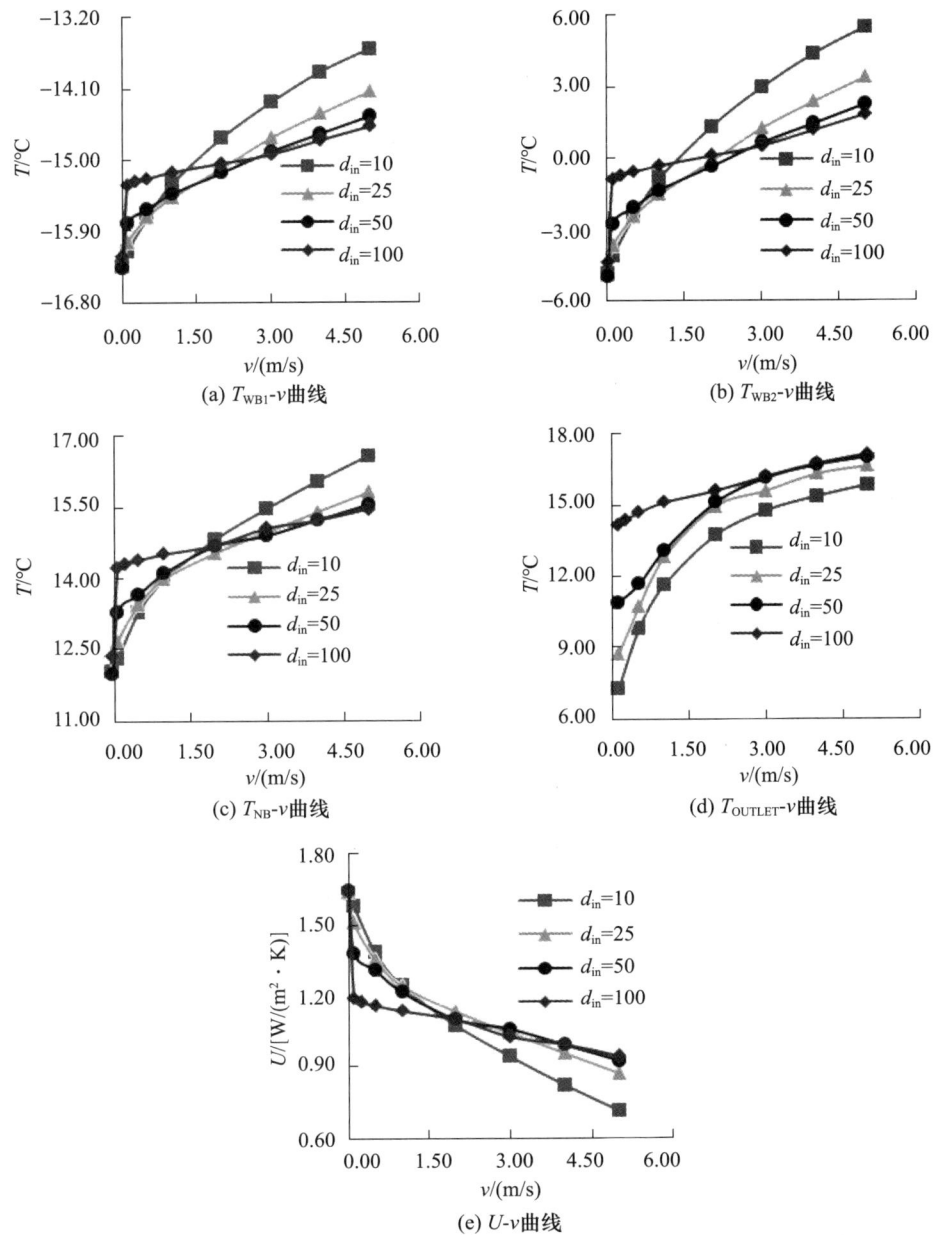

图 4-5 热工性能随出风口风速变化曲线

由表 4-5 和图 4-5 可知：

（1）外玻 1 内表面、外玻 2 内表面、内玻内表面、出风口的加权平均温度均随出风口风速的增大而提高。

（2）各模型 U 值随出风口风速的增大而降低。

（3）关闭出风口无机械通风时，各热工性能数据结果基本相同。

（4）当出风口风速由 0 变化到 0.1m/s 时，各模型外玻 1 内表面、外玻 2 内表面、内玻内表面平均温度均有显著提高，U 值明显减小，特别是进风口高度为 100mm 时对应模型的温度和 U 值变化幅度最大；进风口高度为 10mm、25mm、50mm 和 100mm 时对应模型的外玻 1 内表面平均温度分别提高了 0.19℃、0.31℃、0.57℃、0.91℃；进风口高度为 10mm、25mm、50mm 和 100mm 时对应模型的外玻 2 内表面平均温度分别提高了 0.74℃、1.22℃、2.22℃、3.52℃；进风口高度为 10mm、25mm、50mm 和 100mm 时对应模型的内玻内表面平均温度分别提高了 0.26℃、0.64℃、1.3℃、1.86℃；进风口高度为 10mm、25mm、50mm 和 100mm 时对应模型的 U 值分别减小了 0.06W/($m^2 \cdot K$)、0.13W/($m^2 \cdot K$)、0.26W/($m^2 \cdot K$)、0.35W/($m^2 \cdot K$)。

(5) 外玻 1 内表面、外玻 2 内表面和内玻内表面的加权平均温度随出风口风速的增大具有相近的变化规律：进风口高度为 10mm 时，其温度整体提高速度最快，之后依次是进风口高度为 25mm、50mm、100mm 时对应模型的温度；当进风口高度为 10mm 和 25mm 时，其温度变化速度较为均匀；当进风口高度为 50mm 和 100mm 时，出风口风速从 0 到 0.1m/s 时，其温度变化幅度较大，之后温度提高速度较为均匀；当出风口风速为 2m/s 时，进风口高度为 50mm 和 100mm 时对应模型各温度曲线相互靠拢，较为接近。

(6) 出风口温度随出风口风速变化的全过程中，进风口高度为 10mm 时，在相同出风口风速条件下其出风口加权平均温度均为最低，之后依次是 25mm、50mm、100mm 时对应模型的出风口平均温度；风速大于 3m/s 时，进风口高度为 50mm 和 100mm 时对应模型的出风口平均温度基本相等。

(7) 随着出风口风速的增大，进风口高度为 10mm 时对应模型的 U 值下降速度最快；出风口风速为 2m/s 时，不同进风口高度对应模型的 U 值较为接近；当进风口风速为 0~0.1m/s 时，随着进风口高度的增加，U 值逐渐减小，而且进风口高度 100mm 对应模型的 U 值减小幅度最大；出风口风速小于 2m/s，进风口高度为 100mm 时对应模型的 U 值最小；出风口风速大于 2m/s，进风口高度为 10mm 时对应模型的 U 值最小，进风口高度为 50mm 和 100mm 时对应模型的 U 值基本相等。

4.2.2.2 热工性能随外玻 1 内表面辐射率结果（不同通道宽度）

热通道高为 3000mm、厚为 300mm、无机械通风，宽度分别为 1000mm、1500mm、2000mm 时外玻 1（WB1）内表面、外玻 2（WB2）内表面、内玻（NB）内表面的面积加权平均温度以及 U 值随外玻 1 内表面辐射率变化的结果见表 4-6 和图 4-6。

表 4-6 热工性能随外玻 1 内表面辐射率变化结果

设计参数	内玻 1 表面辐射率 ε	温度/℃			传热系数/[W/($m^2 \cdot K$)]
		WB1	WB2	NB	U
$B=1000mm$	0.84	−16.23	−4.44	12.38	1.64
	0.60	−16.38	−3.50	12.63	1.54
	0.40	−16.54	−2.34	13.03	1.47
	0.20	−16.76	−0.93	13.42	1.40
	0.10	−16.90	0.00	13.69	1.34
	0.08	−16.94	0.19	13.73	1.32
	0.04	−17.00	0.64	13.90	1.28
	0.01	−17.05	1.02	14.04	1.26
	0.00	−17.11	1.38	14.21	1.24

续表

设计参数	内玻1表面辐射率 ε	温度/℃ WB1	WB2	NB	传热系数/[W/(m²·K)] U
B=1500mm	0.84	−16.20	−4.35	12.21	1.63
	0.60	−16.35	−3.32	12.56	
	0.40	−16.51	−2.13	12.99	1.53
	0.20	−16.73	−0.71	13.40	1.42
	0.10	−16.89	0.15	13.61	1.35
	0.08	−16.90	0.46	13.66	1.32
	0.04	−16.99	0.77	13.78	1.30
	0.01	−17.04	1.17	13.92	1.27
	0.00	−17.09	1.55	14.05	1.24
B=2000mm	0.84	−16.19	−4.31	12.15	1.65
	0.60	−16.35	−3.35	12.42	1.59
	0.40	−16.50	−2.14	12.89	1.54
	0.20	−16.72	−0.66	13.33	1.44
	0.10	−16.86	0.33	13.57	1.39
	0.08	−16.92	0.37	13.67	1.36
	0.04	−16.98	0.87	13.77	1.32
	0.01	−17.02	1.29	13.95	1.28
	0.00	−17.07	1.76	14.09	1.24

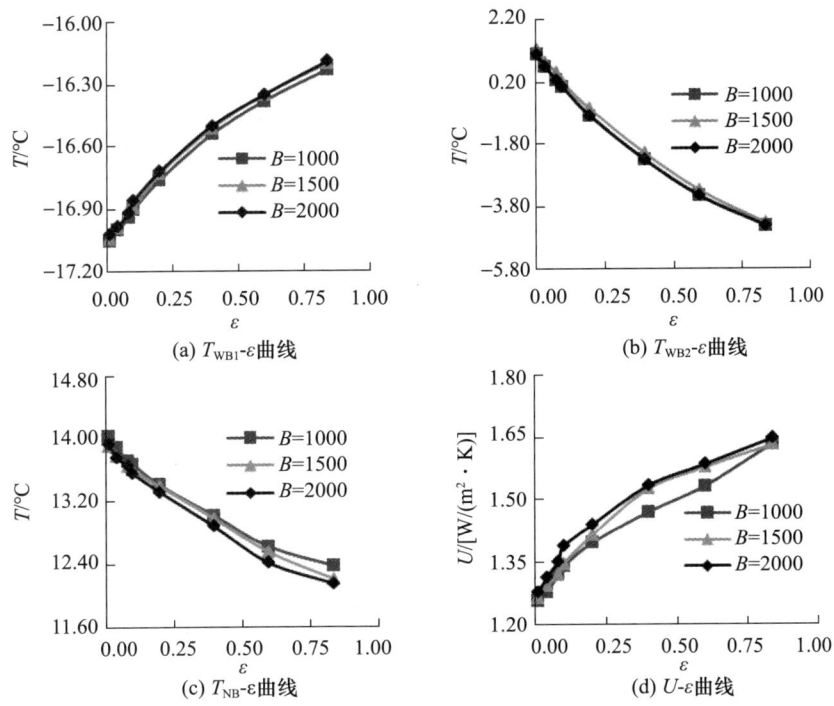

(a) T_{WB1}-ε曲线 (b) T_{WB2}-ε曲线

(c) T_{NB}-ε曲线 (d) U-ε曲线

图4-6 热工性能随外玻1表面辐射率变化曲线

由表 4-6 和图 4-6 可知：

（1）外玻 1 内表面的加权平均温度和 U 值随着外玻 1 内表面辐射率的增大而逐步提高，变化曲线光滑；

（2）外玻 2 内表面和内玻内表面的加权平均温度均随外玻 1 内表面辐射率的增大而降低，变化曲线光滑；

（3）关闭进风口无机械通风时，各热工性能数据结果较为接近；

（4）当关闭进风口且出风口无机械通风时，热通道宽度的大小对热工性能的影响很小。

4.2.2.3 热工性能随出风口风速变化结果（不同通道宽度）

热通道高度为 3000mm、厚度为 300mm，宽度分别为 1000mm、1500mm、2000mm 时外玻 1（WB1）内表面、外玻 2（WB2）内表面、内玻（NB）内表面、出风口（OUTLET）的面积加权平均温度以及 U 值随出风口风速变化的结果见表 4-7 和图 4-7。此时各模型进风口高度均为 100mm，外玻 1 内表面辐射率为 0.84，由于热通道宽度为 2000mm 时，需要较大的出风口风速才能使不同热通道宽度模型的通道内风速较为接近，故分析时出风口风速最大值为 10m/s。

表 4-7 热工性能随出风口风速变化结果

设计参数	风速/（m/s）	温度/℃				传热系数/[W/（m²·K）]
	v	WB1	WB2	NB	OUTLET	U
B=1000mm	5.00	−14.59	1.81	15.46	17.06	0.94
	4.00	−14.76	1.15	15.22	16.67	0.99
	3.00	−14.94	0.49	15.06	16.12	1.02
	2.00	−15.05	0.08	14.71	15.52	1.09
	1.00	−15.16	−0.34	14.52	15.03	1.13
	0.50	−15.24	−0.62	14.40	14.60	1.16
	0.10	−15.32	−0.92	14.24	14.08	1.19
	0.00	−16.23	−4.44	12.38	—	1.64
B=1500mm	5.00	−14.87	0.77	15.06	16.35	1.02
	4.00	−14.95	0.45	14.86	15.97	1.06
	3.00	−15.02	0.19	14.67	15.82	1.10
	2.00	−15.07	0.00	14.56	15.64	1.12
	1.00	−15.13	−0.22	14.46	15.37	1.15
	0.50	−15.18	−0.40	14.35	15.21	1.17
	0.10	−15.20	−0.47	14.32	15.08	1.17
	0.00	−16.20	−4.35	12.21	—	1.63
B=2000mm	10.00	−14.58	1.87	15.30	17.11	0.97
	9.00	−14.65	1.61	15.20	16.91	0.99
	8.00	−14.75	1.21	15.15	16.70	1.00
	7.00	−14.82	0.97	15.06	16.42	1.02
	6.00	−14.88	0.74	14.94	16.09	1.05

续表

设计参数	风速/(m/s)	温度/℃				传热系数/[W/(m²·K)]
	v	WB1	WB2	NB	OUTLET	U
$B=2000$mm	5.00	−14.91	0.63	14.82	15.72	1.07
	4.00	−14.97	0.41	14.71	15.33	1.09
	2.00	−15.05	0.07	14.53	14.78	1.13
	1.00	−15.10	−0.09	14.44	14.57	1.15
	0.10	−15.16	−0.33	14.31	14.42	1.18
	0.00	−16.19	−4.31	12.15	—	1.65

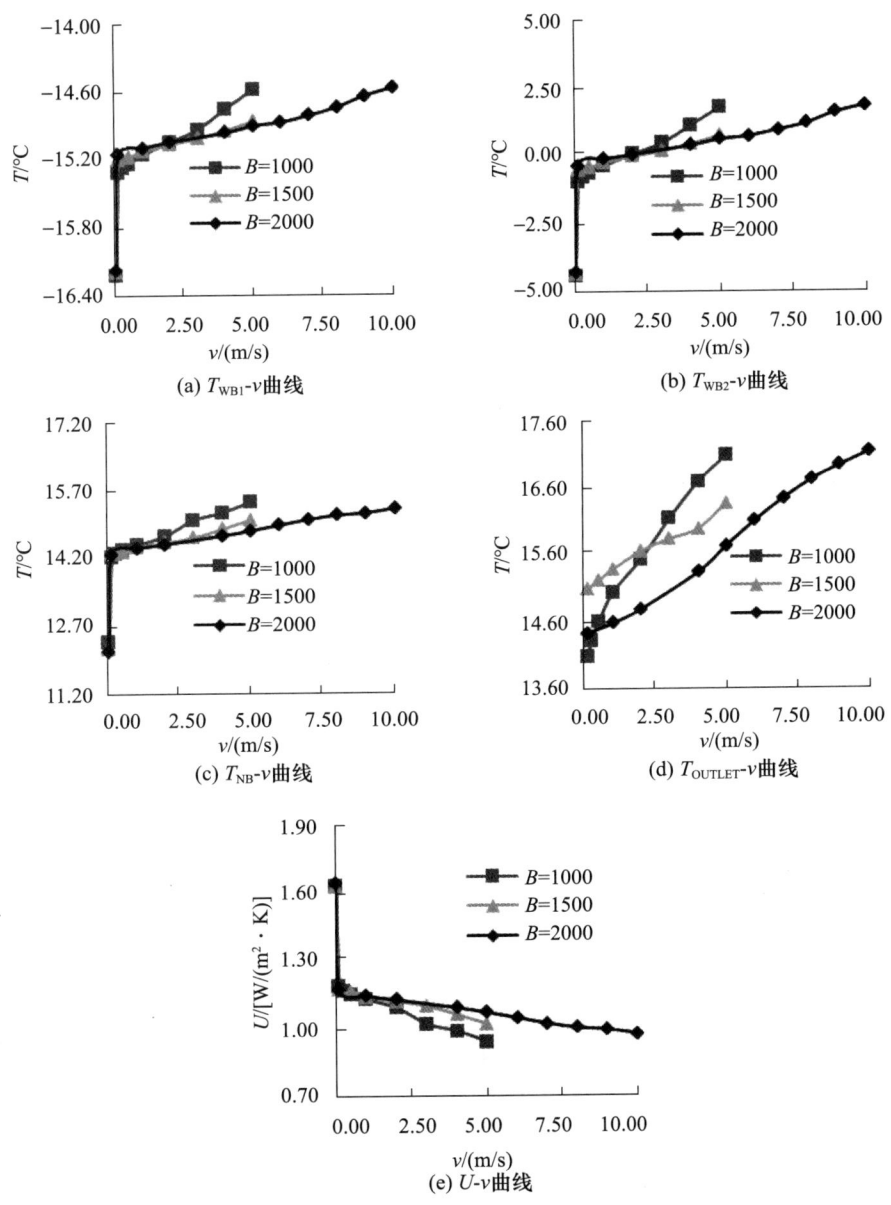

(a) T_{WB1}-v 曲线

(b) T_{WB2}-v 曲线

(c) T_{NB}-v 曲线

(d) T_{OUTLET}-v 曲线

(e) U-v 曲线

图 4-7 热工性能随出风口风速变化曲线

由表 4-7 和图 4-7 可知：

（1）外玻 1 内表面、外玻 2 内表面、内玻内表面、出风口的加权平均温度均随出风口风速的增大而提高；风速位于 0.1～2m/s 之间时各对应模型外玻 1 内表面、外玻 2 内表面、内玻内表面、出风口的加权平均温度变化较小。

（2）各模型 U 值随出风口风速的增大而降低，风速位于 0.1～1m/s 之间时各模型 U 值变化不大。

（3）关闭出风口无机械通风时，各热工性能数据结果基本相同。

（4）当出风口风速由 0 变化到 0.1m/s 时，各模型外玻 1 内表面、外玻 2 内表面、内玻内表面平均温度均有显著提高，U 值显著减小；热通道宽度为 1000mm、1500mm 和 2000mm 时对应模型的外玻 1 内表面平均温度分别提高了 0.91℃、1.0℃、1.03℃；热通道宽度为 1000mm、1500mm 和 2000mm 时对应模型的外玻 2 内表面平均温度分别提高了 3.52℃、3.88℃、3.98℃；热通道宽度为 1000mm、1500mm 和 2000mm 时对应模型的内玻内表面平均温度分别提高了 1.86℃、2.11℃、2.16℃；热通道宽度为 1000mm、1500mm 和 2000mm 时对应模型的 U 值分别减小了 0.45W/（m²·K）、0.46W/（m²·K）、0.47W/（m²·K）。

（5）外玻 1 内表面、外玻 2 内表面和内玻内表面的加权平均温度随出风口风速的增大具有相近的变化规律：热通道宽度为 1000mm 时，其温度提高速度最快，之后依次是热通道宽度为 1500mm、2000mm 时对应模型的温度；当出风口风速为 2m/s 时，各表面温度相差不大；当出风口风速大于 2m/s 时，热通道宽度为 1000mm 对应模型各表面温度最高，热通道宽度为 1500mm 和 2000mm 时对应模型的表面温度较低而且基本相等。

（6）出风口风速为 0.1m/s 时，热通道宽度为 1000mm、1500mm、2000mm 时对应模型的出风口温度依次提高；随着风速的增大，热通道宽度为 1000mm 时对应模型的出风口温度快速提高，温度提高速度较通道宽度为 1500mm、2000mm 时对应模型的出风口温度提高快；热通道宽度为 2000mm 时对应模型的出风口温度一直较低。

（7）随着出风口风速的增大，热通道宽度为 1000mm 时对应模型的 U 值下降速度最快；出风口风速小于 2m/s 时，不同热通道宽度对应模型的 U 值较为接近；出风口风速大于 2m/s 时，热通道宽度为 1000mm 时对应模型的 U 值最低，之后依次是热通道宽度为 1500mm 和 2000mm 时对应模型的 U 值；热通道宽度为 2000mm 时对应模型的 U 值随着风速的增大而降低但幅度有限，当出风口风速为 10m/s 时，其 U 值为 0.97W/（m²·K），而热通道宽度 1000mm 对应模型在出风口风速为 5m/s 时的 U 值为 0.94W/（m²·K），此时两个模型热通道内气体平均流速相等。

4.2.3 热通道厚度为 400mm

4.2.3.1 热工性能随出风口风速变化结果（不同进风口高度）

空气间层高度为 3000mm、宽度为 1000mm、厚度为 400mm，进风口高度分别为 10mm、25mm、50mm、100mm 时外玻 1（WB1）内表面、外玻 2（WB2）内表面、内玻（NB）内表面、出风口（OUTLET）的面积加权平均温度以及 U 值随出风口风速变化结果见表 4-8 和图 4-8。此时各模型外玻 1 内表面辐射率为 0.84。

表 4-8 热工性能随出风口风速变化结果

设计参数	风速/(m/s) v	温度/℃ WB1	WB2	NB	OUTLET	传热系数/[W/(m²·K)] U
$d_{in}=10\text{mm}$	5.00	−13.51	5.82	16.70	15.63	0.69
	4.00	−13.85	4.56	16.19	15.18	0.79
	3.00	−14.26	3.05	15.64	14.50	0.90
	2.00	−14.65	1.56	14.84	13.63	1.10
	1.00	−15.31	−0.88	14.12	11.35	1.21
	0.50	−15.74	−2.54	13.35	9.65	1.37
	0.10	−16.16	−4.18	12.36	7.01	1.57
	0.00	−16.32	−4.79	12.01	—	1.64
$d_{in}=25\text{mm}$	5.00	−14.16	3.39	15.90	16.54	0.85
	4.00	−14.44	2.31	15.48	16.21	0.94
	3.00	−14.76	1.16	15.07	15.71	1.02
	2.00	−15.07	−0.10	14.71	14.43	1.12
	1.00	−15.48	−1.55	14.12	12.66	1.21
	0.50	−15.73	−2.51	13.52	10.60	1.33
	0.10	−16.05	−3.72	12.68	8.25	1.50
	0.00	−16.33	−4.83	11.99	—	1.64
$d_{in}=50\text{mm}$	5.00	−14.49	2.15	15.60	16.99	0.91
	4.00	−14.71	1.36	15.29	16.63	0.98
	3.00	−14.95	0.46	15.02	16.09	1.03
	2.00	−15.19	−0.44	14.88	14.96	1.06
	1.00	−15.44	−1.38	14.30	12.97	1.18
	0.50	−15.65	−2.17	13.76	11.54	1.29
	0.10	−15.83	−2.89	13.25	10.30	1.39
	0.00	−16.35	−4.89	11.95	—	1.65
$d_{in}=100\text{mm}$	5.00	−14.65	1.56	15.51	17.15	0.93
	4.00	−14.83	0.87	15.42	16.70	0.95
	3.00	−14.99	0.34	15.29	15.98	0.98
	2.00	−15.17	−0.34	14.96	15.18	1.04
	1.00	−15.32	−0.91	14.54	14.34	1.13
	0.50	−15.48	−1.54	14.21	13.79	1.20
	0.10	−15.53	−1.73	14.06	12.96	1.23
	0.00	−16.38	−5.03	11.88	—	1.67

由表 4-8 和图 4-8 可知：

（1）外玻 1 内表面、外玻 2 内表面、内玻内表面、出风口的加权平均温度均随出风口风速的增大而提高。

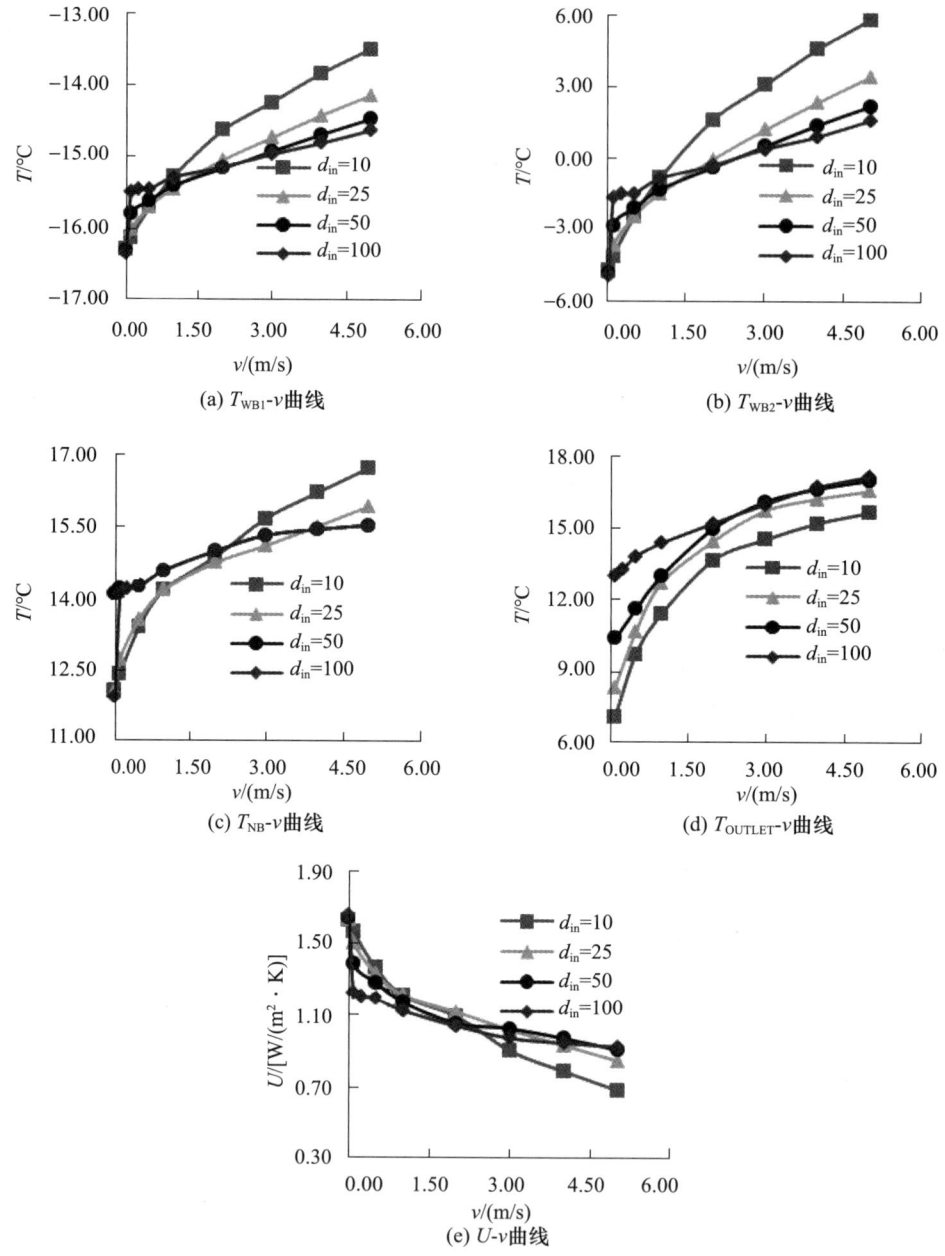

图 4-8 热工性能随出风口风速变化曲线

（2）各模型 U 值随出风口风速的增大而降低。

（3）关闭出风口无机械通风时，各热工性能数据结果基本相同。

（4）当出风口风速由 0 变化到 0.1m/s 时，各模型外玻 1 内表面、外玻 2 内表面、内玻内表面平均温度均显著提高，U 值明显减小，特别是进风口高度为 100mm 时对应模型的温度和 U 值变化幅度最大；进风口高度为 10mm、25mm、50mm 和 100mm 时对应模型的外玻 1 内表面平均温度分别提高了 0.16℃、0.28℃、0.52℃、0.85℃；进风口高度为 10mm、25mm、50mm、100mm 时对应模型的外玻 2 内表面平均温度分别提高了 0.61℃、1.11℃、2.0℃、3.3℃；进风口高度为 10mm、25mm、50mm、100mm 时对应模型的内玻内表面平均温度分别提高了 0.35℃、0.69℃、1.3℃、2.18℃；进风口高度为 10mm、25mm、50mm、100mm 时对应模型的 U 值分别减小了 0.07W/(m²·K)、0.14W/(m²·K)、0.26W/(m²·K)、0.44W/(m²·K)。

（5）外玻 1 内表面、外玻 2 内表面的加权平均温度随出风口风速的增大具有几乎相近的变化规律：进风口高度为 10mm 时，其温度整体提高速度最快，之后依次是进风口高度为 25mm、50mm、100mm 时对应模型的温度；当进风口高度为 10mm、25mm 时，其温度变化速度较为均匀；当进风口高度为 50mm、100mm 时，出风口风速从 0 到 0.1m/s 时，其温度变化幅度较大，之后温度提高速度较为均匀。

（6）出风口风速由 0 变为 0.1m/s 时，进风口高度为 10mm 和 25mm 时对应模型的内玻内表面平均温度有一定提高，进风口高度为 50mm 和 100mm 时对应模型的内玻内表面平均温度显著提高；进风口高度为 50mm、100mm 时对应模型的内玻内表面平均温度随风速变化的全过程基本相等；出风口风速为 0~4m/s，进风口高度为 50mm、100mm 时对应模型的内玻内表面平均温度大于进风口高度为 10mm 对应模型的内玻内表面平均温度，风速大于 4m/s 后结果反转。

（7）进风口高度为 10mm 时，在相同出风口风速条件下其出风口加权平均温度均为最低，之后依次为 25mm、50mm、100mm 时对应模型的温度；出风口风速大于 2m/s 时，进风口高度为 50mm、100mm 时对应模型的温度较为接近，且均大于进风口高度为 10mm 时模型对应温度。

（8）随着出风口风速的增大，进风口高度为 10mm 时对应模型的 U 值下降速度最快；当进风口风速为 0~0.1m/s 时，随着进风口高度的增加，U 值逐渐减小，而且进风口高度 100mm 对应模型的 U 值减小幅度最大；出风口风速小于 2m/s 时，进风口高度 100mm 对应模型的 U 值最小；出风口风速为 2m/s 时，不同进风口高度对应模型的 U 值较为接近；出风口风速大于 2m/s，进风口高度 10mm 对应模型的 U 值最小，进风口高度为 50mm、100mm 时对应模型的 U 值基本相等且变化趋势相同，进风口高度 100mm 对应模型的 U 值随出风口风速的增大而降低但降速减小。

4.2.3.2 热工性能随外玻 1 内表面辐射率结果（不同通道宽度）

热通道高度为 3000mm、厚度为 400mm、无机械通风，宽度分别为 1000mm、1500mm、2000mm 时外玻 1（WB1）内表面、外玻 2（WB2）内表面、内玻（NB）内表面的面积加权平均温度以及 U 值随外玻 1 内表面辐射率变化结果见表 4-9 和图 4-9。

表 4-9 热工性能随外玻 1 内表面辐射率变化结果

设计参数	内玻 1 表面辐射率 ε	温度/℃			传热系数/[W/(m²·K)] U
		WB1	WB2	NB	
$B=1000$mm	0.84	−16.38	−5.03	11.88	1.67
	0.60	−16.51	−4.04	12.19	1.60
	0.40	−16.66	−2.95	12.53	1.54
	0.20	−16.86	−1.49	12.98	1.44
	0.10	−16.99	−0.55	13.28	1.38

续表

设计参数	内玻1表面辐射率 ε	温度/℃			传热系数/[W/(m²·K)] U
		WB1	WB2	NB	
B=1000mm	0.08	−17.02	−0.34	13.34	1.37
	0.04	−17.08	0.11	13.48	1.34
	0.01	−17.13	0.46	13.60	1.32
	0.00	−17.14	0.59	13.64	1.31
B=1500mm	0.84	−16.34	−4.86	11.78	1.69
	0.60	−16.47	−3.86	12.10	1.62
	0.40	−16.63	−2.77	12.44	1.55
	0.20	−16.83	−1.29	12.91	1.46
	0.10	−16.96	−0.35	13.22	1.40
	0.08	−16.99	−0.14	13.28	1.38
	0.04	−17.05	0.31	13.43	1.35
	0.01	−17.10	0.68	13.55	1.33
	0.00	−17.12	0.80	13.58	1.32
B=2000mm	0.84	−16.32	−4.77	11.73	1.70
	0.60	−16.46	−3.77	12.05	1.63
	0.40	−16.61	−2.66	12.40	1.56
	0.20	−16.82	−1.18	12.88	1.46
	0.10	−16.95	−0.24	13.19	1.40
	0.08	−16.98	−0.02	13.26	1.39
	0.04	−17.04	0.42	13.40	1.36
	0.01	−17.09	0.78	13.52	1.34
	0.00	−17.11	0.91	13.56	1.33

由表4-9和图4-9可知：

（1）外玻1内表面的加权平均温度和U值随着外玻1内表面辐射率的增大而逐步提高，变化曲线光滑；

（2）外玻2内表面和内玻内表面的加权平均温度均随外玻1内表面辐射率的增大而降低，变化曲线光滑；

（3）关闭进风口无机械通风时，各热工性能数据结果较为接近；

（4）当关闭进风口且出风口无机械通风时，热通道宽度的大小对热工性能的影响很小。

4.2.3.3 热工性能随出风口风速变化结果（不同通道宽度）

热通道高度为3000mm、厚度为400mm，宽度分别为1000mm、1500mm、2000mm时外玻1（WB1）内表面、外玻2（WB2）内表面、内玻（NB）内表面、出风口（OUTLET）的面积加权平均温度以及U值随出风口风速变化的结果见表4-10和图4-10。此时各模型进风口高度均为100mm，外玻1内表面辐射率为0.84，由于热通道宽度为

2000mm时，需要较大的出风口风速才能使不同热通道宽度模型的通道内风速较为接近，故分析时出风口风速最大值为10m/s。

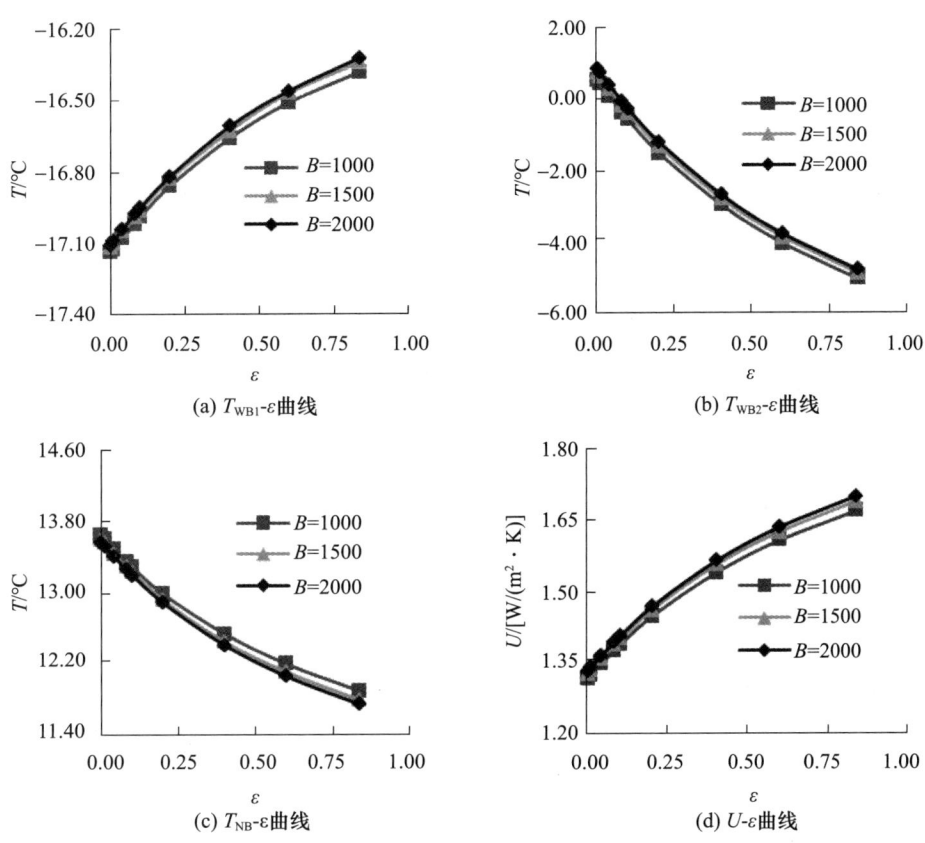

图4-9 热工性能随外玻1表面辐射率变化曲线

表4-10 热工性能随出风口风速变化结果

设计参数	风速/(m/s)	温度/℃				传热系数/[W/(m²·K)]
	v	WB1	WB2	NB	OUTLET	U
$B=1000$mm	5.00	−14.65	1.56	15.51	17.15	0.93
	4.00	−14.83	0.87	15.42	16.70	0.95
	3.00	−14.99	0.34	15.29	15.98	0.98
	2.00	−15.17	−0.34	14.96	15.18	1.04
	1.00	−15.32	−0.91	14.54	14.34	1.13
	0.50	−15.48	−1.54	14.21	13.79	1.20
	0.10	−15.53	−1.73	14.06	12.96	1.23
	0.00	−16.38	−5.03	11.88	—	1.67
$B=1500$mm	5.00	−14.87	0.75	15.17	16.44	1.00
	4.00	−14.96	0.41	14.94	16.16	1.05
	3.00	−15.02	0.16	14.79	15.92	1.08

续表

设计参数	风速/(m/s) v	温度/℃ WB1	WB2	NB	OUTLET	传热系数/[W/(m²·K)] U
B=1500mm	2.00	−15.09	−0.06	14.65	15.63	1.11
	1.00	−15.14	−0.25	14.57	15.36	1.12
	0.50	−15.20	−0.47	14.46	14.89	1.15
	0.10	−15.29	−0.79	14.28	14.30	1.18
	0.00	−16.34	−4.86	11.78	—	1.69
B=2000mm	10.00	−14.53	2.07	15.41	17.09	0.95
	9.00	−14.68	1.48	15.31	16.98	0.97
	8.00	−14.74	1.24	15.25	16.75	0.98
	7.00	−14.79	1.08	15.24	16.56	0.99
	6.00	−14.86	0.77	15.00	16.43	1.04
	5.00	−14.91	0.61	14.93	16.26	1.05
	4.00	−14.96	0.42	14.82	16.07	1.07
	2.00	−15.05	0.09	14.63	15.70	1.11
	1.00	−15.09	−0.08	14.54	15.50	1.13
	0.10	−15.17	−0.35	14.40	15.25	1.16
	0.00	−16.32	−4.77	11.73	—	1.70

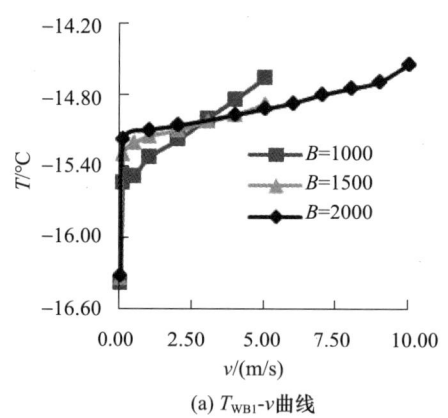

(a) T_{WB1}-v 曲线

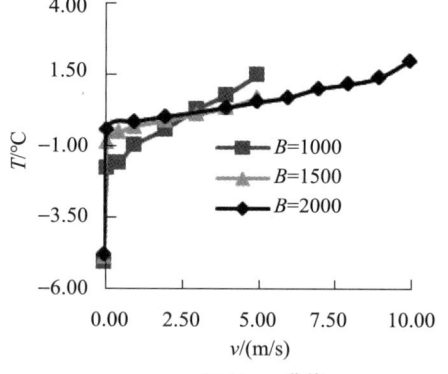

(b) T_{WB2}-v 曲线

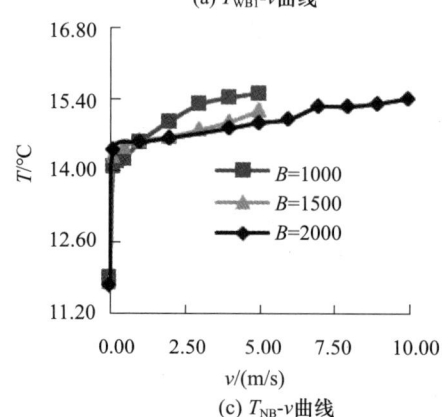

(c) T_{NB}-v 曲线

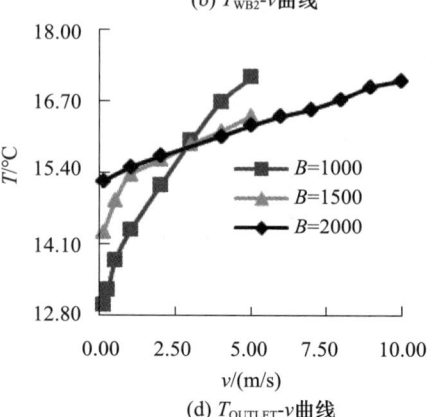

(d) T_{OUTLET}-v 曲线

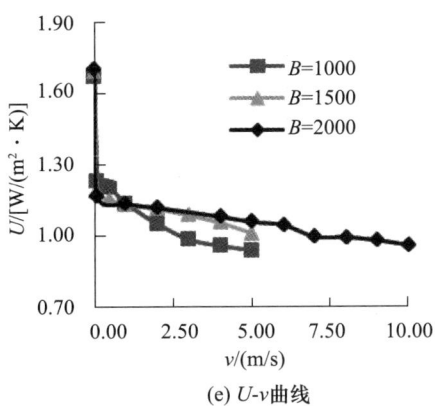

(e) U-v曲线

图 4-10　热工性能随出风口风速变化曲线

由表 4-10 和图 4-10 可知：

（1）外玻 1 内表面、外玻 2 内表面、内玻内表面、出风口的加权平均温度均随出风口风速的增大而提高；风速位于 0.1~2m/s 之间时各对应模型外玻 1 内表面、外玻 2 内表面、内玻内表面、出风口的加权平均温度变化较小。

（2）各模型 U 值随出风口风速的增大而降低，风速位于 0.1~1m/s 之间时各模型 U 值变化不大。

（3）关闭出风口无机械通风时，各热工性能数据结果基本相同。

（4）当出风口风速由 0 变化到 0.1m/s 时，各模型外玻 1 内表面、外玻 2 内表面、内玻内表面平均温度均显著提高，U 值显著减小；热通道宽度为 1000mm、1500mm 和 2000mm 时对应模型的外玻 1 内表面平均温度分别提高了 0.85℃、1.05℃、1.15℃；热通道宽度为 1000mm、1500mm、2000mm 时对应模型的外玻 2 内表面平均温度分别提高了 3.3℃、4.07℃、4.42℃；热通道宽度为 1000mm、1500mm、2000mm 时对应模型的内玻内表面平均温度分别提高了 2.18℃、2.5℃、2.67℃；热通道宽度为 1000mm、1500mm、2000mm 时对应模型的 U 值分别减小了 0.44W/(m²·K)、0.51W/(m²·K)、0.54W/(m²·K)。

（5）外玻 1 内表面、外玻 2 内表面和内玻内表面的加权平均温度随出风口风速的增大具有相似的变化规律：热通道宽度为 1000mm 时，其温度提高速度最快，之后依次是热通道宽度为 1500mm、2000mm 时对应模型的温度；当出风口风速小于 3m/s 时，热通道宽度为 1000mm 时对应模型的外玻 1 内表面、外玻 2 内表面温度均最低，之后依次为热通道宽度为 1500mm、2000mm 时对应模型的温度；当出风口风速大于 3m/s 时，热通道宽度为 1000mm 时对应模型的外玻 1 内表面、外玻 2 内表面温度均最高，之后依次为热通道宽度为 1500mm、2000mm 时对应模型的温度，而且热通道宽度为 1500mm、2000mm 时对应模型表面温度较为接近。

（6）出风口风速小于 3m/s 时，热通道宽度为 1000mm、1500mm、2000mm 时对应模型的出风口温度依次提高；随着风速的增大，热通道宽度为 1000mm 时对应模型的出风口温度快速提高，温度提高速度较通道宽度为 1500mm、2000mm 时对应模型的出风口温度提高快；出风口风速大于 3m/s 时，热通道宽度为 1000mm 时对应模型的出风口温度最高，之后依次为1500mm、2000mm时对应模型的出风口温度。

(7) 随着出风口风速的增大，热通道宽度为1000mm时对应模型的U值下降速度最快；出风口风速小于2m/s时，热通道宽度为1500mm、2000mm时对应模型的U值较为接近；出风口风速大于2m/s时，热通道宽度为1000mm时对应模型的U值最低，之后依次是热通道宽度为1500mm、2000mm时对应模型的U值；热通道宽度为2000mm时对应模型的U值随着风速的增大而降低但幅度有限，当出风口风速为10m/s时，其U值为0.95W/（m^2·K），而热通道宽度为1000mm时对应模型在出风口风速为5m/s时的U值为0.93W/（m^2·K），此时两个模型热通道内气体平均流速相等。

4.2.4 不同热通道厚度工况下热工性能

4.2.4.1 热工性能随外玻1内表面辐射率变化结果（不同热通道宽度）

热通道高度为3000mm、宽度为1000mm、无机械通风，厚度分别为200mm、300mm、400mm时外玻1（WB1）内表面、外玻2（WB2）内表面、内玻（NB）内表面的加权平均温度和U值随外玻1内表面辐射率变化的结果见图4-11。各模型U值随不同热通道厚度、不同外玻1（WB1）内表面辐射率变化的结果（U-D-ε曲线）见图4-12。

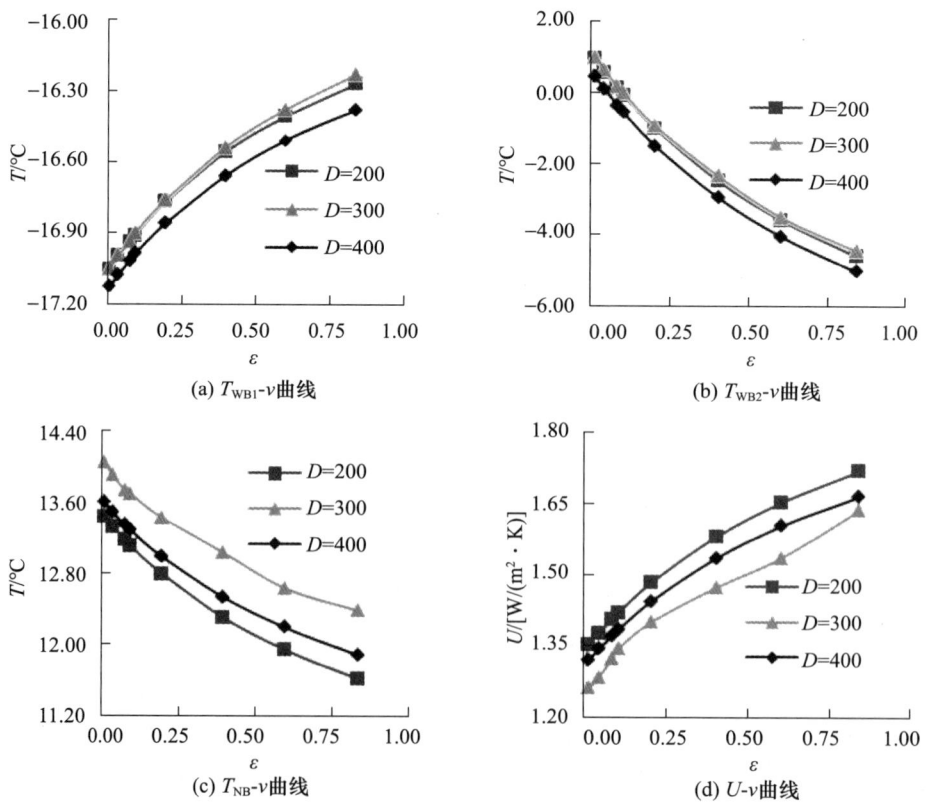

图4-11 热工性能随外玻1内表面辐射率变化曲线（B=1000mm）

4 内循环双层幕墙热工性能影响因素分析

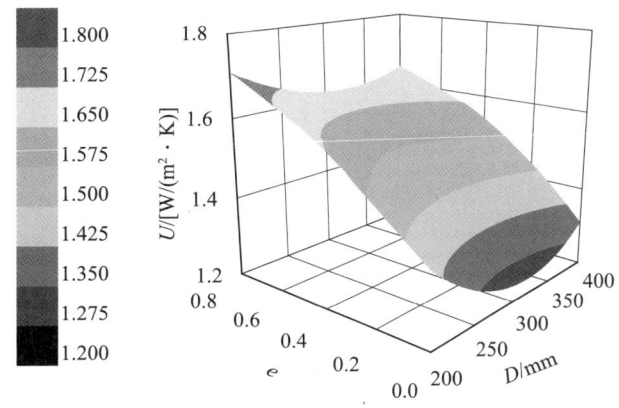

图 4-12　U-D-ε 曲线（$B=1000$mm）

热通道高度为 3000mm、宽度为 1500mm、无机械通风，厚度分别为 200mm、300mm、400mm 时外玻 1（WB1）内表面、外玻 2（WB2）内表面、内玻（NB）内表面的加权平均温度和 U 值随外玻 1 内表面辐射率变化的结果见图 4-13。各模型 U 值随不同热通道厚度、不同外玻 1（WB1）内表面辐射率变化的结果（U-D-ε 曲线）见图 4-14。

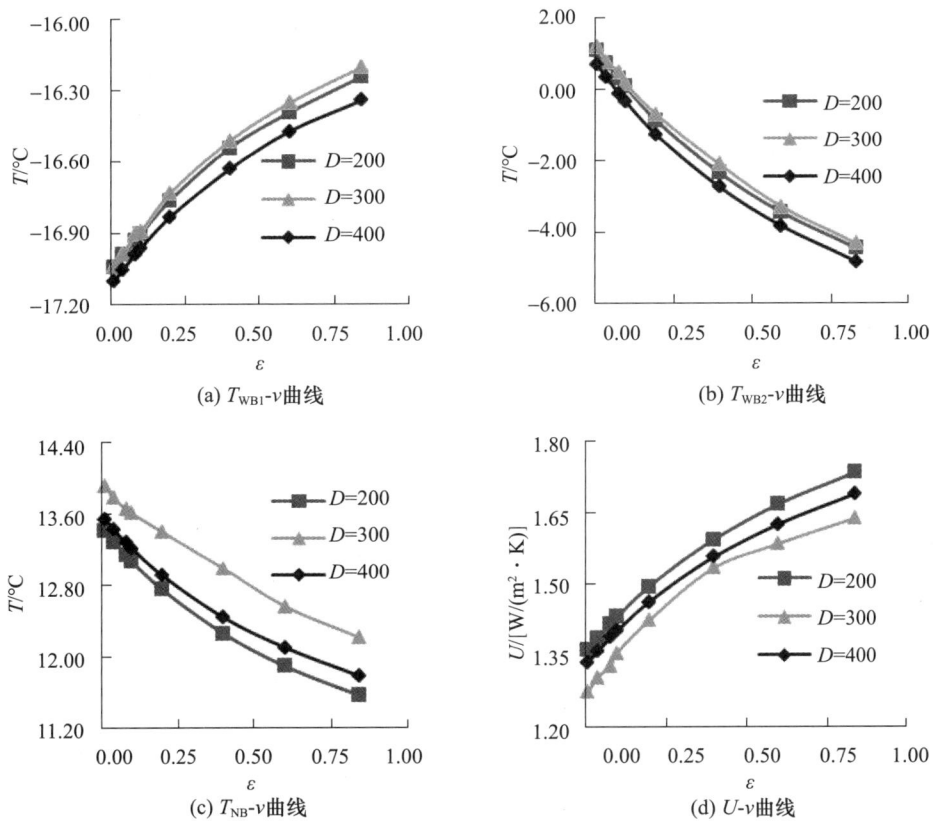

图 4-13　热工性能随外玻 1 内表面辐射率变化曲线（$B=1500$mm）

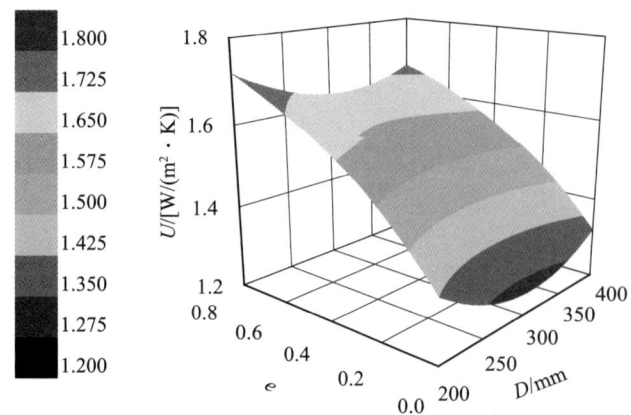

图 4-14　U-D-ε 曲线（B=1500mm）

热通道高度为 3000mm、宽度为 2000mm、无机械通风，厚度分别为 200mm、300mm、400mm 时外玻 1（WB1）内表面、外玻 2（WB2）内表面、内玻（NB）内表面的加权平均温度和 U 值随外玻 1 内表面辐射率变化的结果见图 4-15。各模型 U 值随不同热通道厚度、不同外玻 1（WB1）内表面辐射率变化的结果（U-D-ε 曲线）见图 4-16。

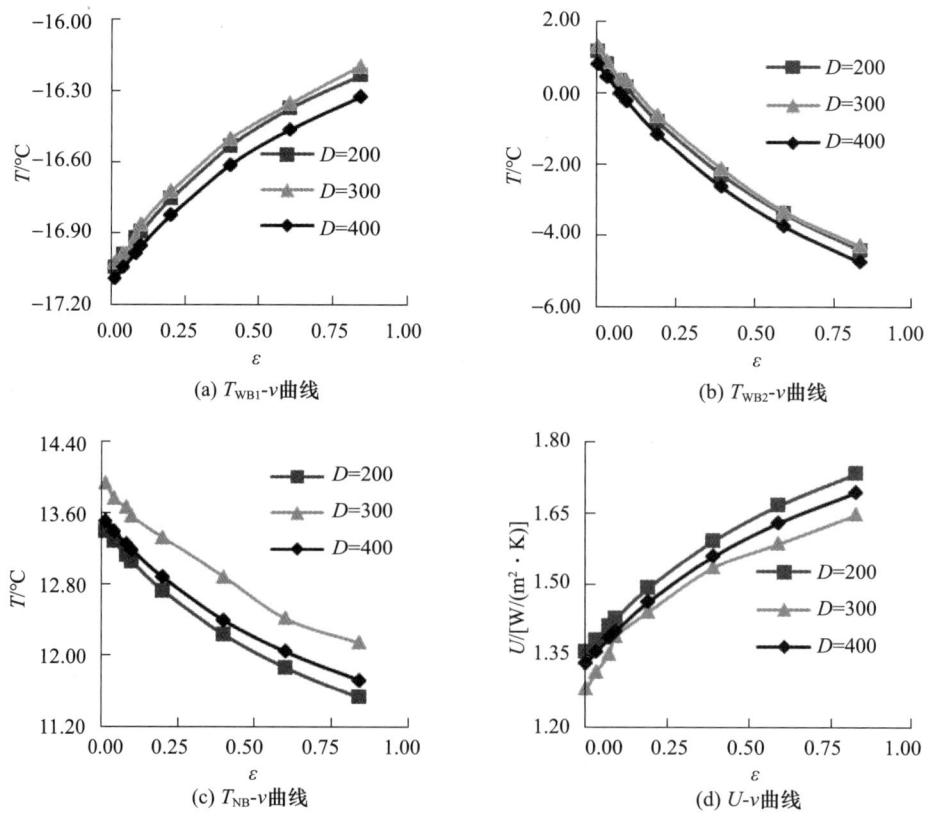

图 4-15　热工性能随外玻 1 内表面辐射率变化曲线（B=2000mm）

4 内循环双层幕墙热工性能影响因素分析

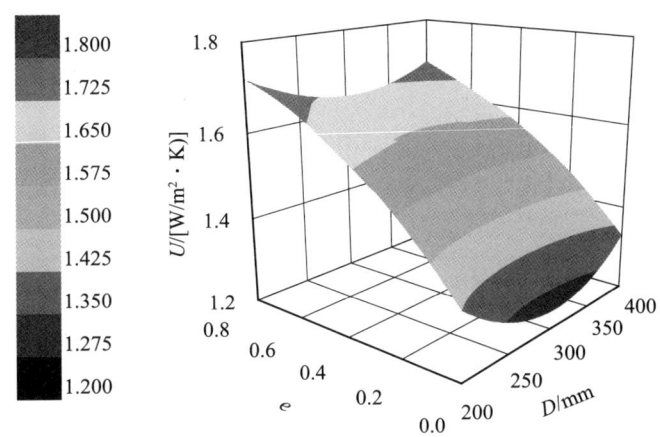

图 4-16 U-D-ε 曲线（B=2000mm）

由图 4-11～图 4-16 可知：

(1) 不同热通道宽度对应模型的热工性能指标具有相似的变化规律。

(2) 外玻 1 内表面的加权平均温度和 U 值随外玻 1 内表面辐射率的增大而逐步提高，变化曲线较为光滑。

(3) 外玻 2 内表面和内玻内表面的加权平均温度均随外玻 1 内表面辐射率的增大而降低，变化曲线较为光滑。

(4) 热通道厚度为 300mm 时对应模型的外玻 1 内表面、外玻 2 内表面、内玻内表面的加权平均温度均最大，对应 U 值均最低。

(5) 热通道厚度为 200mm、300mm 时对应模型的外玻 1 内表面和外玻 2 内表面平均温度较为接近，均大于热通道厚度为 400mm 时对应模型的表面温度；热通道厚度为 300mm 时对应模型的内玻内表面平均温度最高，之后依次为 400mm、200mm 时对应模型的内玻内表面温度。

(6) 热通道厚度为 300mm 时对应模型的 U 值最小，之后依次为 400mm、200mm 时对应模型的 U 值。

4.2.4.2 热工性能随出风口风速变化结果（B=1000mm）

热通道高度为 3000mm、宽度为 1000mm、进风口高度为 10mm，厚度分别为 200mm、300mm、400mm 时外玻 1（WB1）内表面、外玻 2（WB2）内表面、内玻（NB）内表面、出风口（OUTLET）的加权平均温度以及 U 值随出风口风速变化的结果见图 4-17。各模型 U 值随不同热通道厚度、不同出风口风速变化的结果（U-D-v 曲线）见图 4-18。此时外玻 1 内表面辐射率为 0.84。

热通道高度为 3000mm、宽度为 1000mm、进风口高度为 25mm，厚度分别为 200mm、300mm、400mm 时外玻 1（WB1）内表面、外玻 2（WB2）内表面、内玻（NB）内表面、出风口（OUTLET）的加权平均温度以及 U 值随出风口风速变化的结果见图 4-19。各模型 U 值随不同热通道厚度、不同出风口风速变化的结果（U-D-v 曲线）见图 4-20。此时外玻 1 内表面辐射率为 0.84。

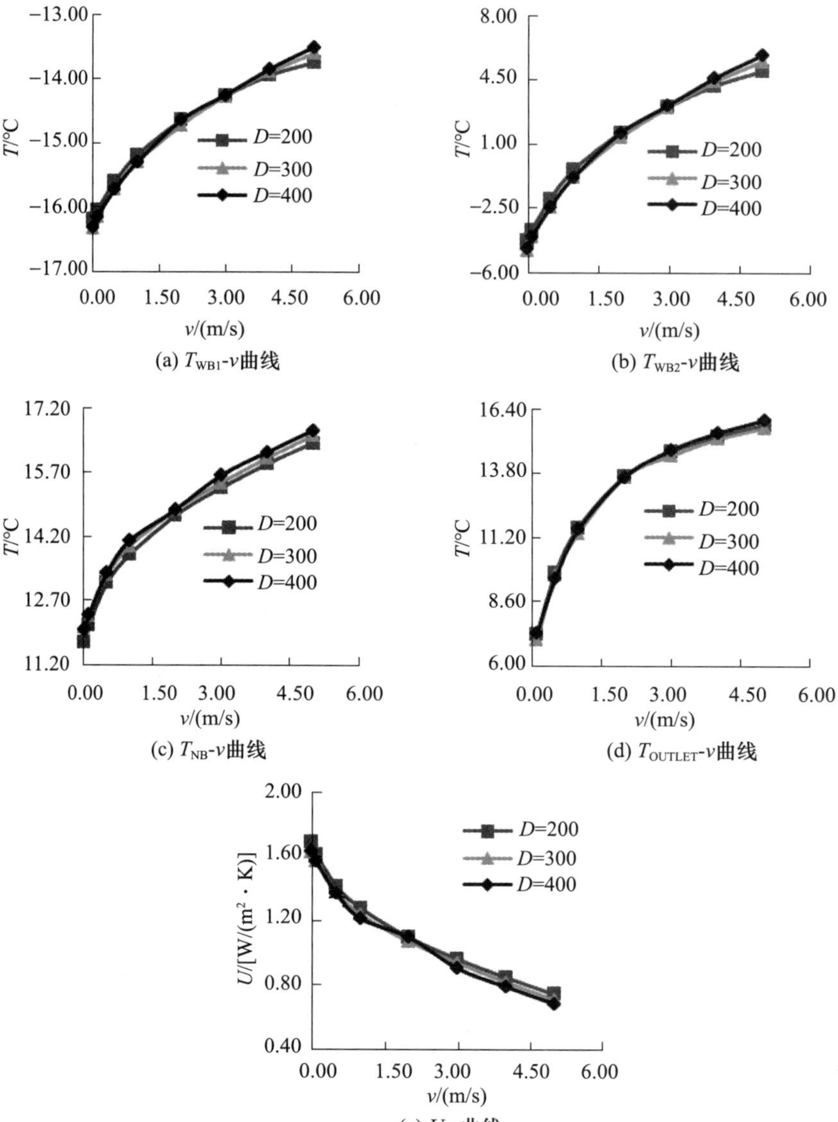

(a) T_{WB1}-v 曲线

(b) T_{WB2}-v 曲线

(c) T_{NB}-v 曲线

(d) T_{OUTLET}-v 曲线

(e) U-v 曲线

图 4-17 热工性能随出风口风速变化曲线（d_{in}＝10mm）

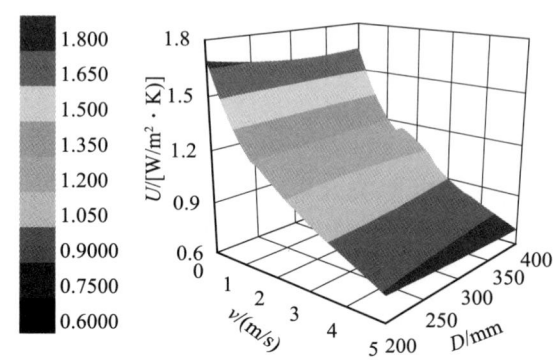

图 4-18 U-D-v 曲线（d_{in}＝10mm）

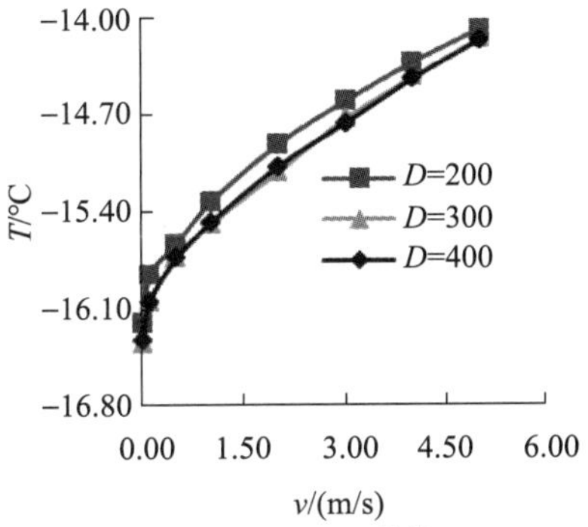

4 内循环双层幕墙热工性能影响因素分析

(a) T_{WB1}-v 曲线

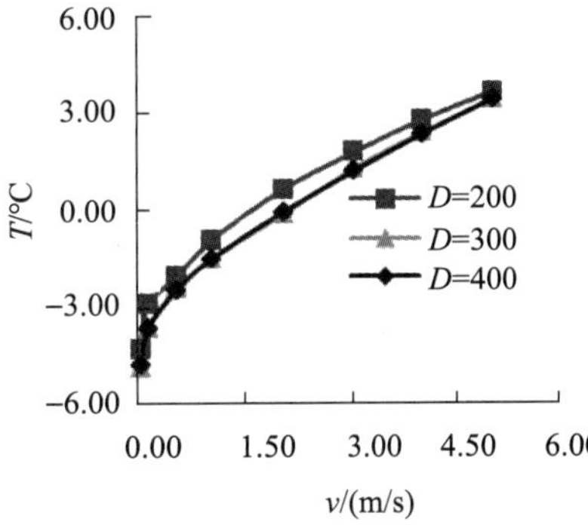

(b) T_{WB2}-v 曲线

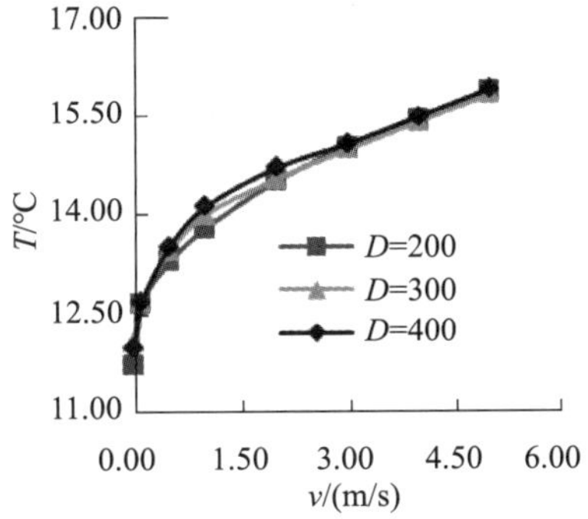

(c) T_{NB}-v 曲线

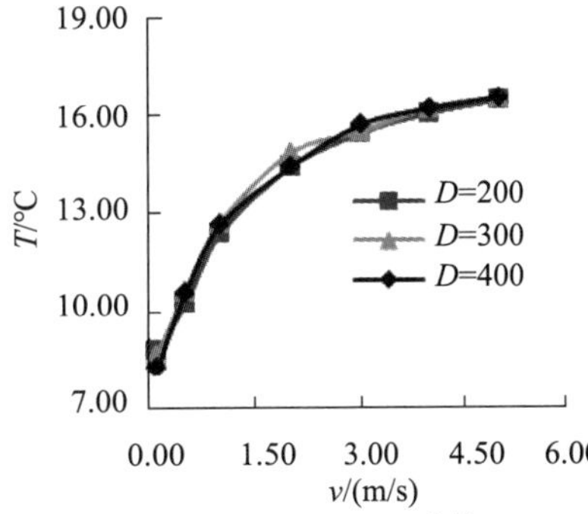

(d) T_{OUTLET}-v 曲线

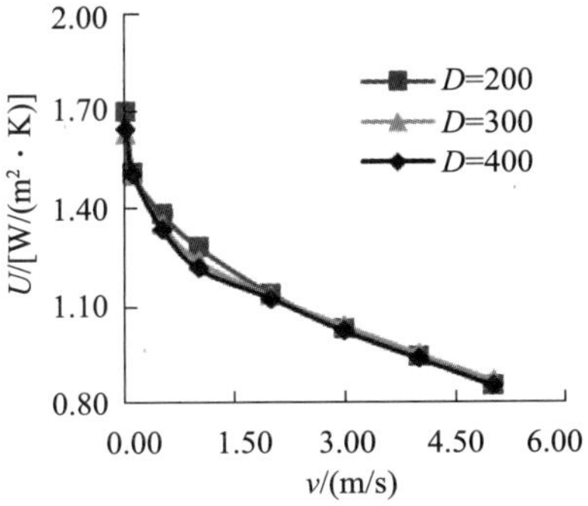

(e) U-v 曲线

图 4-19 热工性能随出风口风速变化曲线（d_{in}＝25mm）

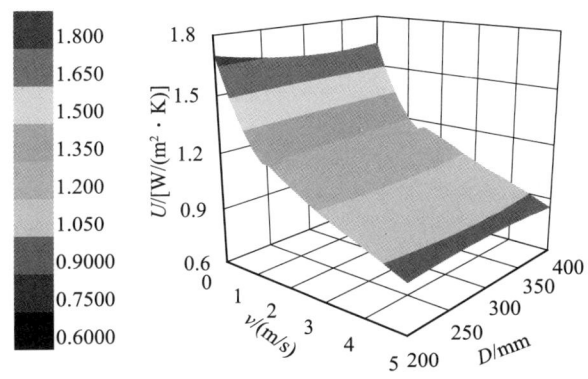

图 4-20 U-D-v 曲线（d_{in}＝25mm）

热通道高度为 3000mm、宽度为 1000mm、进风口高度为 50mm，厚度分别为 200mm、300mm、400mm 时外玻 1（WB1）内表面、外玻 2（WB2）内表面、内玻（NB）内表面、出风口（OUTLET）的加权平均温度以及 U 值随出风口风速变化的结果见图 4-21。各模型 U 值随不同热通道厚度、不同出风口风速变化的结果（U-D-v 曲线）见图 4-22。此时外玻 1 内表面辐射率为 0.84。

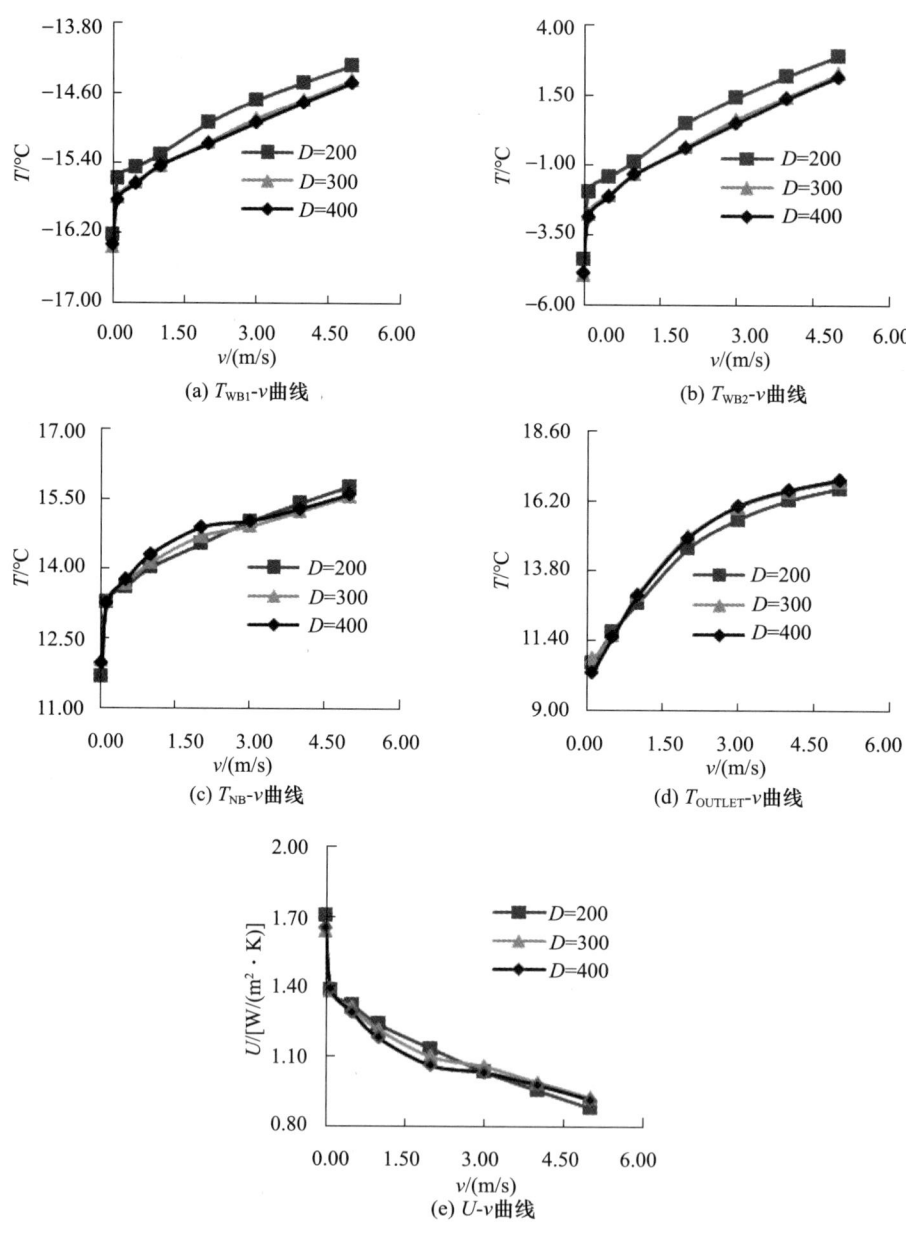

图 4-21　热工性能随出风口风速变化曲线（d_{in}＝50mm）

热通道高度为 3000mm、宽度为 1000mm、进风口高度为 100mm，厚度分别为 200mm、300mm、400mm 时外玻 1（WB1）内表面、外玻 2（WB2）内表面、内玻（NB）内表面、出风口（OUTLET）的加权平均温度以及 U 值随出风口风速变化的结果见图 4-23。各模型 U 值随不同热通道厚度、不同出风口风速变化的结果（U-D-v 曲线）见图 4-24。此时外玻 1 内表面辐射率为 0.84。

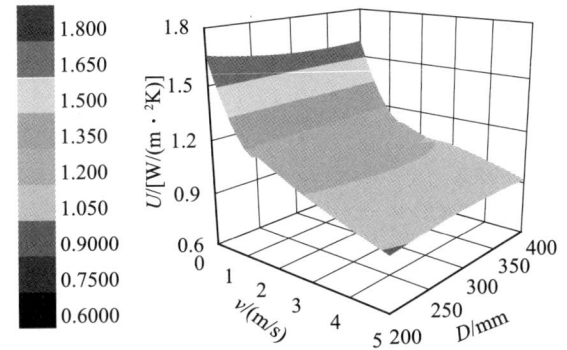

图 4-22　U-D-v 曲线（d_{in}＝50mm）

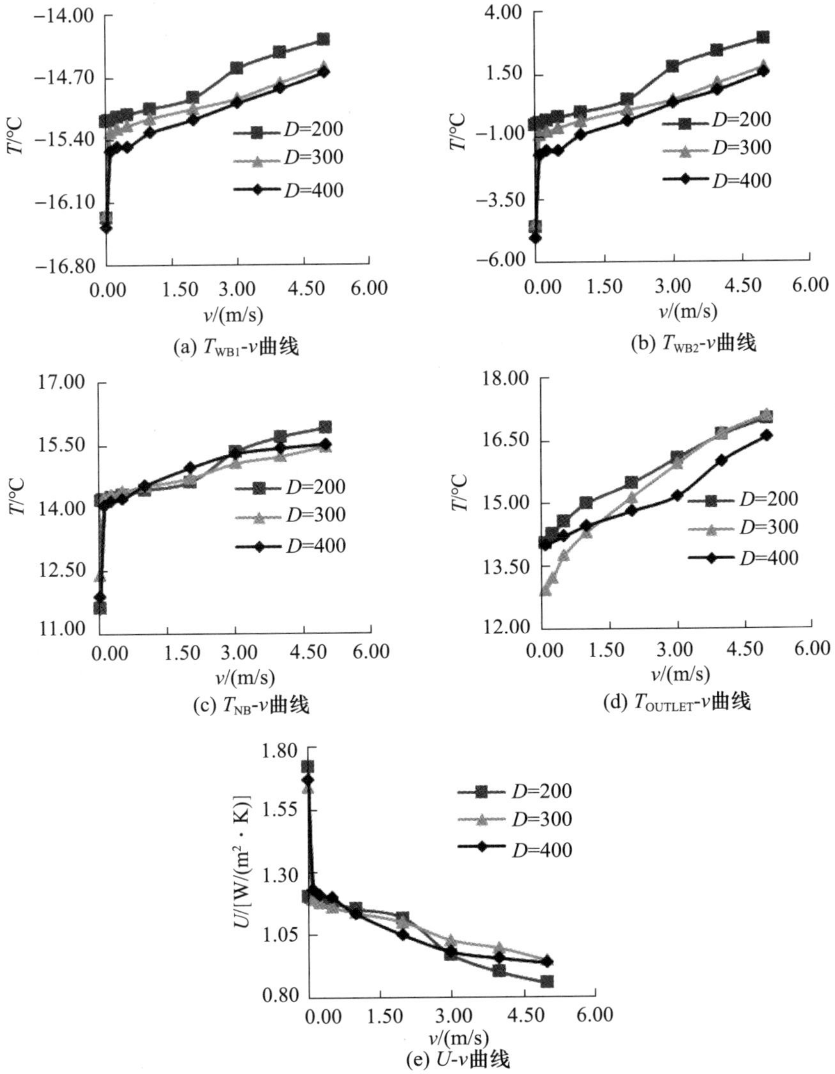

(a) T_{WB1}-v 曲线

(b) T_{WB2}-v 曲线

(c) T_{NB}-v 曲线

(d) T_{OUTLET}-v 曲线

(e) U-v 曲线

图 4-23　热工性能随出风口风速变化曲线（d_{in}＝100mm）

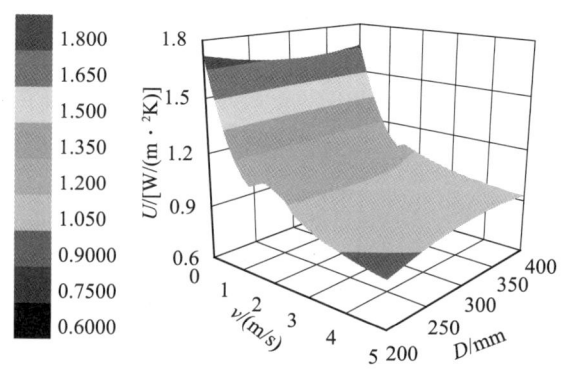

图 4-24 U-D-v 曲线（$d_{in}=100$mm）

由图 4-17～图 4-24 可知：

(1) 针对不同进风口高度、不同热通道厚度对应的模型，其外玻 1 内表面、外玻 2 内表面、内玻内表面、出风口的加权平均温度随着风速的增大而提高，而对应模型的 U 值逐步减小。

(2) 热通道厚度的变化对进风口高度为 10mm、25mm 时对应模型的热工性能影响较小。

(3) 当模型进风口高度为 50mm 时，热通道厚度为 300mm 时模型的外玻 1 内表面和外玻 2 内表面的平均温度与热通道厚度为 400mm 时对应模型的平均温度较为接近；热通道厚度为 200mm 时模型的外玻 1 内表面和外玻 2 内表面的平均温度高于热通道厚度为 300mm、400mm 时对应模型的平均温度；热通道厚度的变化对内玻内表面平均温度的影响较小，出风口风速小于 3m/s 时，热通道厚度为 400mm 时对应模型的内玻内表面温度最高，略大于热通道厚度为 200mm、300mm 时对应模型的内玻内表面温度，出风口风速为 2m/s 时其温差最大，为 0.36℃；热通道厚度的变化对出风口平均温度的影响亦较小，当风速为 3m/s 时，出风口最大温差为 0.47℃。

(4) 不同热通道厚度对应模型的 U 值随出风口风速的变化规律与内玻内表面平均温度具有相反的变化规律；各模型对应 U 值相差较小，当风速为 2m/s 时，热通道厚度为 400mm 时对应模型的 U 值较热通道厚度为 200mm 时对应模型的 U 值大 0.07W/(m^2·K)。

4.2.4.3 热工性能随出风口风速变化结果（$B=1500$mm）

在 4.2.4.2 节中已分析讨论了进风口高度分别为 10mm、25mm、50mm、100mm 时，不同热通道厚度对应模型的热工性能随出风口风速变化结果，本节仅对进风口高度为 100mm 时的各模型进行分析。

热通道高度为 3000mm、宽度为 1500mm、进风口高度为 100mm，厚度分别为 200mm、300mm、400mm 时外玻 1（WB1）内表面、外玻 2（WB2）内表面、内玻（NB）内表面、出风口（OUTLET）的加权平均温度以及 U 值随出风口风速变化的结果见图 4-25。

各模型 U 值随不同热通道厚度不同出风口风速变化的结果（U-D-v 曲线）见图 4-26。此时外玻 1 内表面辐射率为 0.84。

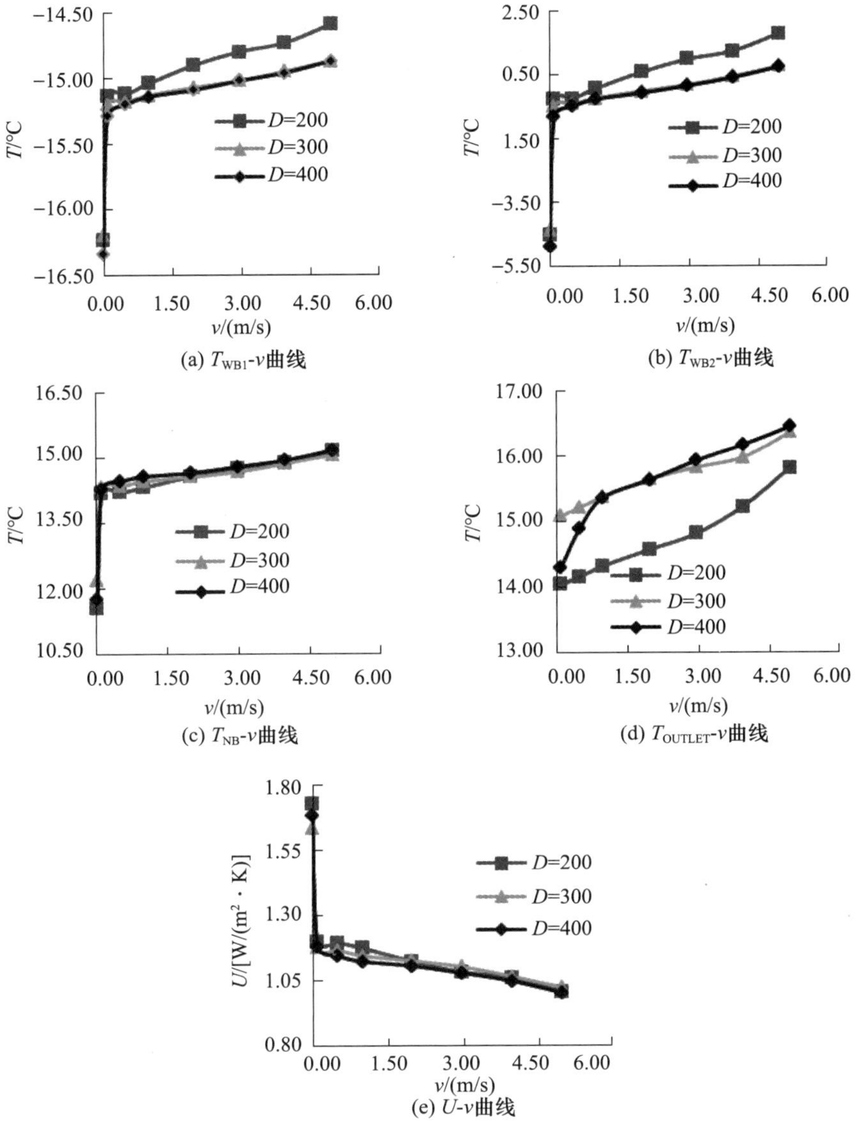

图 4-25 热工性能随出风口风速变化曲线（$d_{in}=100$mm）

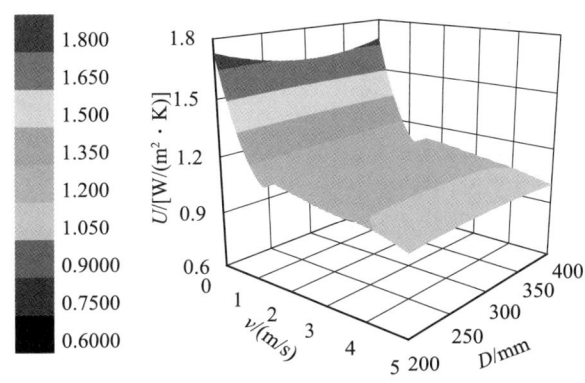

图 4-26 U-D-v 曲线（$d_{in}=100$mm）

由图 4-25、图 4-26 可知：

（1）各模型外玻 1 内表面、外玻 2 内表面、内玻内表面、出风口的加权平均温度随着风速的增大而提高，而对应模型的 U 值随风速的增大逐步减小。

（2）热通道厚度为 300mm、400mm 时对应模型的各热工性能指标在出风口风速相同时较为接近；热通道厚度为 200mm 时对应模型的外玻 1 内表面和外玻 2 内表面的温度较热通道厚度为 300mm、400mm 时对应模型的表面温度高。

（3）热通道厚度为 200mm 时对应模型的出风口温度明显低于热通道厚度为 300mm、400mm 时对应模型的出风口温度；而热通道厚度为 300mm、400mm 时对应模型的出风口温度较为接近。

（4）不同热通道厚度对应模型的内玻内表面平均温度和 U 值在出风口风速相同时较为接近。

4.2.4.4　热工性能随出风口风速变化结果（$B=2000\mathrm{mm}$）

本节亦仅对进风口高度为 100mm 的各模型进行分析；热通道高度为 3000mm、宽度为 2000mm、进风口高度为 100mm，厚度分别为 200mm、300mm、400mm 时外玻 1（WB1）内表面、外玻 2（WB2）内表面、内玻（NB）内表面、出风口（OUTLET）的加权平均温度以及 U 值随出风口风速变化的结果见图 4-27。各模型 U 值随不同热通道厚度不同出风口风速变化的结果（U-D-v 曲线）见图 4-28。此时外玻 1 内表面辐射率为 0.84。

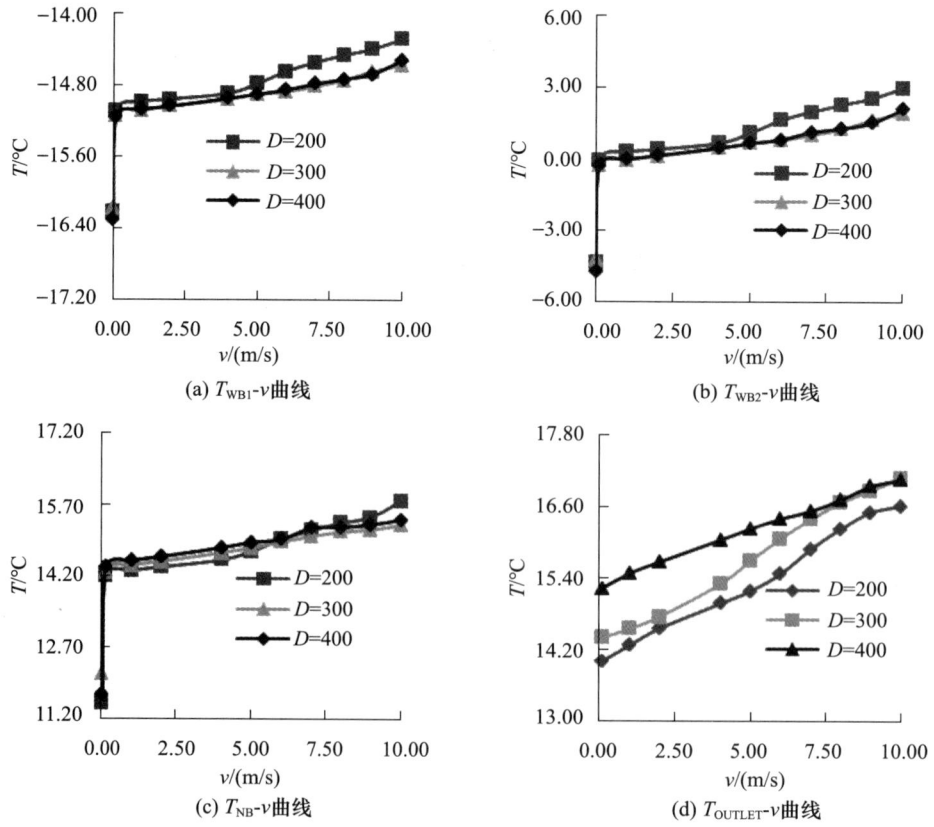

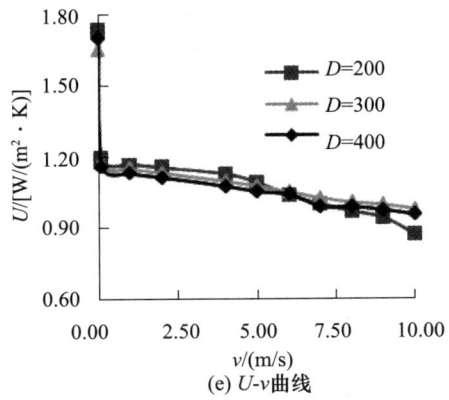

图 4-27 热工性能随出风口风速变化曲线（d_{in}＝100mm）

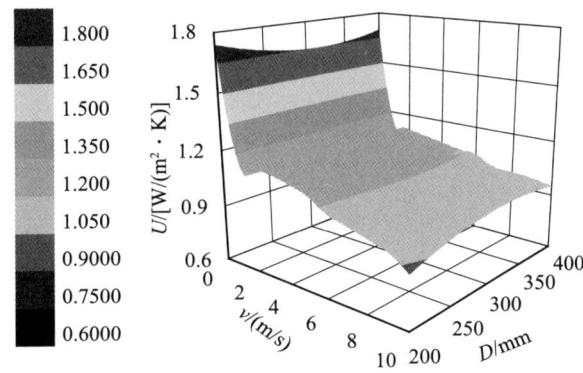

图 4-28 U-D-v 曲线（d_{in}＝100mm）

由图 4-27、图 4-28 可知：

（1）各模型外玻 1 内表面、外玻 2 内表面、内玻内表面、出风口的加权平均温度随风速的增大而提高，而对应模型的 U 值随风速的增大逐步减小。

（2）热通道厚度为 300mm、400mm 时对应模型的外玻 1 内表面、外玻 2 内表面、内玻内表面的加权平均温度和 U 值在出风口风速相同时较为接近；热通道厚度为 200mm 时对应模型的外玻 1 内表面和外玻 2 内表面的温度较热通道厚度为 300mm、400mm 时对应模型的表面温度高。

（3）热通道厚度为 200mm 时对应模型的出风口温度最低，之后依次为热通道厚度为 300mm、400mm 时对应模型的出风口温度；而热通道厚度为 300mm、400mm 时对应模型的出风口温度随着风速的增大有逐渐靠拢的趋势。

（4）不同热通道厚度对应模型的内玻内表面平均温度在出风口风速相同时较为接近，各模型在出风口风速相同时 U 值亦相差较小。

4.3 设计建议

为适应工程实际需要，根据分析结果，针对内循环双层幕墙的热工性能分析提出了以下设计建议，仅供工程设计和科研人员提供参考。

（1）内循环双层幕墙设计是系统化的，各设计参数相互影响，应根据需要综合考虑各设计参数的取值；

（2）出风口大小和风速应综合考虑建筑节能和室内环境舒适性的要求；

（3）内循环双层幕墙热通道厚度宜取 300mm 左右；

（4）在保证进风口风速不引起蜂鸣限值的情况下，可尽量减小进风口高度，宜取 10mm 左右；

（5）外玻 1 内表面辐射率宜根据实际设计要求和分析模拟选取合适的值；

（6）内循环双层幕墙设计，应综合考虑建筑所处地理位置、建筑朝向、气候条件、舒适性、节能指标和规范设计要求等，采用合理的边界条件进行 CFD 三维数值模拟。

4.4 小　　结

通过对典型内循环双层幕墙模型的一系列模拟分析和结果对比，得出了进风口尺寸、空气间层厚度、宽度和高度、玻璃表面辐射率、出风口风速等因素对双层幕墙热工性能的影响规律，主要结论如下：

（1）不同热通道宽度、厚度、进风口高度对应模型随进风口高度变化的热工指标具有以下规律：

恒定热通道宽度对应模型外玻 1 内表面、外玻 2 内表面、内玻内表面、出风口的加权平均温度均随出风口风速的增大而提高，U 值随出风口风速的增大而降低。

关闭出风口无机械通风时，各热工性能数据结果基本相同；当出风口风速由 0 变化到 0.1m/s 时，各模型外玻 1 内表面、外玻 2 内表面、内玻内表面平均温度均有显著提高，U 值明显减小，特别是进风口高度为 100mm 时对应模型的温度和 U 值变化幅度最大。

外玻 1 内表面、外玻 2 内表面的加权平均温度随出风口风速的增大具有相近的变化规律：进风口高度为 10mm 时，其温度整体提高速度最快，之后依次是进风口高度为 25mm、50mm、100mm 时对应模型的温度；当进风口高度为 10mm 和 25mm 时，其温度变化速度较为均匀。

当进风口高度为 50mm 和 100mm 时，出风口风速从 0 到 0.1m/s 时，其温度变化幅度较大，之后温度提高速度较为均匀；随着出风口风速的增大，进风口高度为 10mm 时对应模型的 U 值下降速度最快。

当进风口风速为 0～0.1m/s 时，随着进风口高度的增加，U 值逐渐减小，而且进风口高度 100mm 时对应模型的 U 值减小幅度最大。

出风口风速小于 2m/s 时，进风口高度为 100mm 时对应模型的 U 值最小；出风口风速为 2m/s 时，不同进风口高度对应模型的 U 值较为接近；出风口风速大于 2m/s，进风口高度为 10mm 时对应模型的 U 值最小。

（2）不同热通道宽度和厚度随外玻 1 内表面辐射率变化的热工指标具有以下规律：

外玻 1 内表面的加权平均温度和 U 值随着外玻 1 内表面辐射率的增大而逐步提高，变化曲线较为光滑。

外玻 2 内表面和内玻内表面的加权平均温度均随外玻 1 内表面辐射率的增大而降低，变化曲线较为光滑。

关闭进风口无机械通风时，各热工性能数据结果较为接近。

当关闭进风口且出风口无机械通风时，热通道宽度的大小对热工性能的影响很小；不同热通道宽度对应模型的热工性能指标具有相似的变化规律。

热通道厚度为 300mm 时对应模型的外玻 1 内表面、外玻 2 内表面、内玻内表面的加权平均温度最大，对应的 U 值最低。

热通道厚度为 200mm、300mm 时对应模型的外玻 1 内表面和外玻 2 内表面平均温度较为接近，均大于热通道厚度为 400mm 时对应模型的表面温度；热通道厚度为 300mm 时对应模型的内玻内表面平均温度最高，之后依次为 400mm、200mm 时对应模型的内玻内表面温度。

热通道厚度为 300mm 时对应模型的 U 值最小，之后依次为 400mm、200mm 时对应模型的 U 值。

（3）不同热通道宽度和厚度对应模型随进风口高度变化的热工指标具有以下规律：

外玻 1 内表面、外玻 2 内表面、内玻内表面、出风口的加权平均温度均随出风口风速的增大而提高，风速位于 0.1～2m/s 之间时各模型表面温度变化不大。

各模型 U 值随出风口风速的增大而降低，风速位于 0.1～2m/s 之间时各模型 U 值变化不大；关闭出风口无机械通风时，各热工性能数据结果基本相同。

当出风口风速由 0 变化到 0.1m/s 时，各模型外玻 1 内表面、外玻 2 内表面、内玻内表面平均温度均有显著提高，U 值显著减小。

外玻 1 内表面、外玻 2 内表面和内玻内表面的加权平均温度随出风口风速的增大具有相近的变化规律，热通道宽度 1000mm 时，其温度提高速度最快，之后依次是热通道宽度为 1500mm、2000mm 时对应模型的温度。

随着出风口风速的增大，热通道宽度为 1000mm 时对应模型的 U 值下降速度最快；出风口风速大于 2m/s 时，热通道宽度为 1000mm 时对应模型的 U 值最低，之后依次是热通道宽度为 1500mm、2000mm 时对应模型的 U 值；热通道宽度为 2000mm 时对应模型的 U 值随着风速的增大而降低但幅度有限。

热通道厚度为 300mm、400mm 时对应模型的各热工性能指标在出风口风速相同时较为接近；热通道厚度为 200mm 时对应模型的外玻 1 内表面和外玻 2 内表面的温度较热通道厚度为 300mm、400mm 时对应模型的表面温度高。

热通道厚度为 200mm 时对应模型的出风口温度明显低于热通道厚度为 300mm、400mm 时对应模型的出风口温度；而热通道厚度为 300mm、400mm 时对应模型的出风口温度较为接近。

不同热通道厚度对应模型的内玻内表面平均温度和 U 值在出风口风速相同时较为接近。

5 开口截面立柱受力性能试验研究与分析

铝合金结构结构具有自重轻、强度较高、建成后无须维护、易回收、外观效果好等优点，在某些工程结构中有很强的竞争力。近年来，随着材料性能、加工工艺、连接技术的发展和工程造价的降低，铝合金结构在国内外建筑结构中的应用日益广泛。

开口截面型材具有自身利用率较高，加工组装方便等优点，使其在幕墙工程中得到了广泛的应用。随着幕墙工程的飞速发展，现阶段对幕墙工程设计提出了新的要求：从内部环境来看，要求设计时更多地考虑产品采购、加工及现场安装方便，以及尽可能地使用标准化产品；从外部环境来看，业主、建筑师、顾问的要求逐步提高，对设计要求也更为严格。幕墙设计中的开口截面铝合金型材、钢结构、玻璃肋等结构构件的设计水平将直接影响整体幕墙的设计水平，因此必须足够重视。

5.1 开口截面型材特点

幕墙用铝合金型材，从其性能、加工和安装等方面考虑，具有独特的"槽形"截面形状。这样的开口截面型材在使用方面具有以下缺点：

（1）绕弱轴抗弯刚度弱；
（2）截面整体抗扭刚度较低；
（3）截面形心和截面剪切中心不重合：横向荷载不通过剪切中心，在横向荷载作用下存在弯曲和扭转变形、扭转失稳问题（图5-1）。

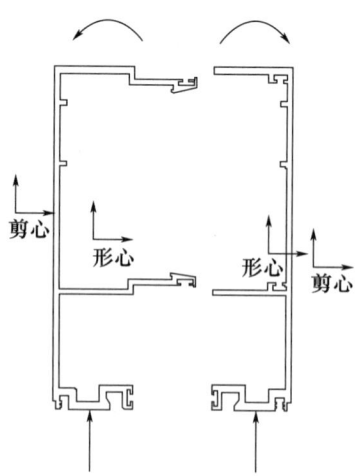

图 5-1 开口截面铝合金立柱

幕墙单元体的公、母立柱在受力过程中也存在对其承载力有利的特点：
（1）公、母立柱翼缘的相互扶持作用（图5-2）。

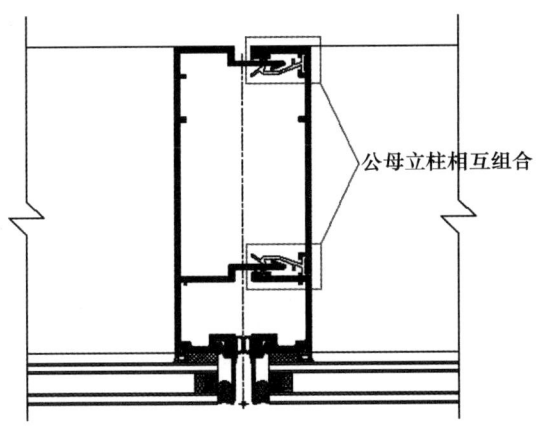

图 5-2 公、母立柱组合

（2）横梁对立柱的约束作用：单元体中的横梁可有效约束开口型材立柱，防止其侧向扭转，提高其整体稳定性。

（3）由于正风压的方向是朝向剪心，负风压的方向是背离剪心，因此在正风压作用下的屈曲特征值较负风压要小；但有利的是在正风压作用下，由于玻璃是通过结构胶与铝型材固结在一起，可对受压翼缘提供有利的支撑作用。

（4）公、母立柱之间还有挂钩，此挂钩在立柱受正风、发生扭转时会有效地阻止其开口。而在负风作用下，因为公、母立柱之间有相互作用，可以很好地"贴合"在一起。

5.2 单根立柱试验

5.2.1 试验概况

共进行了 6 组单根立柱在不同工况下的荷载试验，分别考虑了不带挂钩、一组挂钩、两组挂钩和正风、负风等因素的影响。立柱的截面尺寸见图 5-3。立柱的长度为 2730mm。

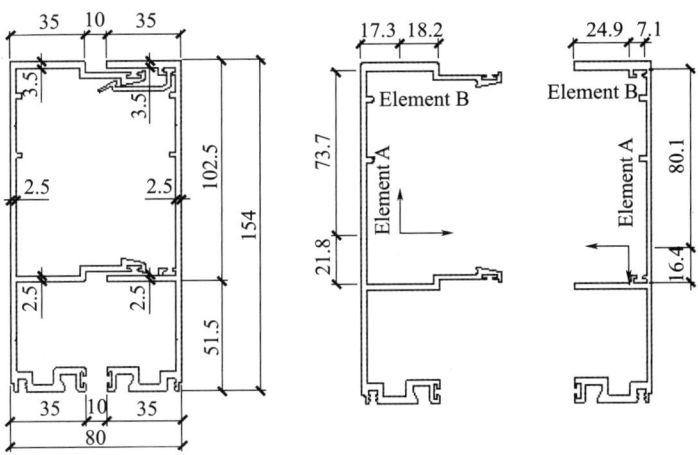

图 5-3 立柱截面尺寸

6组试验具有不同的设计参数，各设计参数见表5-1。为方便后续试验描述，对各组试验工况进行编号。

表 5-1 各试验设计参数

编号	SC-0-1	SC-0-2	SC-1-1	SC-1-2	SC-2-1	SC-2-2
挂钩	无	无	一组	一组	两组	两组
风向	正风	负风	正风	负风	正风	负风

注：SC-A-B中，SC表示单根立柱，A表示挂钩数量，B表示风向（1为正风，2为负风）。

试验加载装置见图5-4。该加载装置可以较好地模拟立柱两端的简支特点，向上的荷载可以利用刚架顶部的手动葫芦进行模拟。在试验过程中，四个手动葫芦同时拉动，拉力 F 按照 1.17kN、2.34kN、3.52kN、4.68kN、5.33kN（对应于等效风压 1.0kPa、2.0kPa、3.0kPa、4.0kPa、4.55kPa）连续变化，并读取相应加载时刻公母立柱在平面内、平面外的位移和应变值，尽可能地同步变化以模拟图5-5中所示的梯形荷载。

图 5-4 试验加载装置

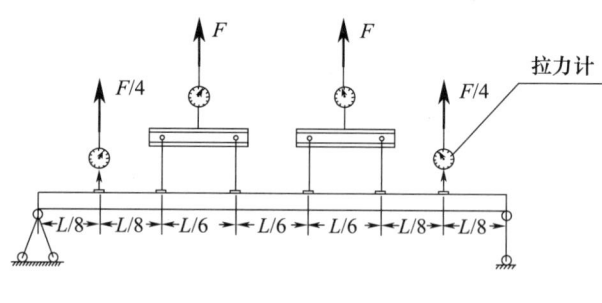

模拟梯形荷载

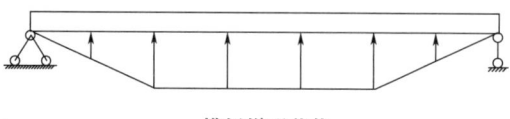

图 5-5 加载示意图

在手动葫芦与加载梁之间安装一电子拉力计，可以显示拉力的大小。在跨中布置两个竖向位移计，分别测量公母立柱在竖向荷载作用下的平面内挠度变形；在跨中布置两个水平位移计，分别测量公母立柱在竖向荷载作用下的平面外开口（或闭口）变形。为监测加载过程中铝合金型材的应力变化，在公母立柱跨中受拉侧分别布置一个应变片。拉力计和应变片示意图见图 5-6。

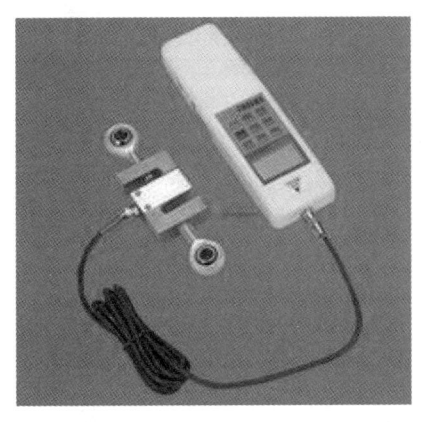
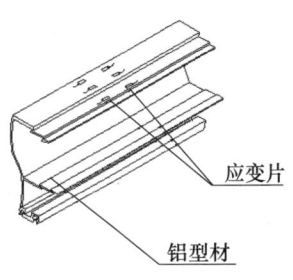

图 5-6 拉力计和应变片示意图

带一组挂钩的立柱，挂钩位于立柱的中部；带两组挂钩的立柱，在距中部两侧 400mm 处各布置一组挂钩。

5.2.2 试验结果

5.2.2.1 临界荷载试验

整理试验过程中的数据并汇总，立柱 SC-0-1，立柱 SC-0-2、SC-1-2、SC-2-2，立柱 SC-1-1，立柱 SC-2-1 的平面外、平面内变形和应变结果分别见表 5-2～表 5-5。

表 5-2 立柱 SC-0-1 变形和应变值

等效风压/kPa	平面外变形/mm			平面内变形/mm		应变/με	
	公立柱	母立柱	计算值	公立柱	母立柱	公立柱	母立柱
1.0	2.38	2.64	2.4	3.7	4.91	220	253
2.0	5.15	5.6	4.8	8.43	9.39	473	547
3.0	7.87	8.57	7.1	12.15	12.49	708	833
4.0	10.87	11.62	9.5	15.76	15.4	988	1153
4.55	12.85	13.44	10.8	17.84	16.97	1148	1333

表 5-3 立柱 SC-0-2、SC-1-2、SC-2-2 变形和应变值

等效风压/kPa	平面外变形/mm			平面内变形/mm		应变/με	
	公立柱	母立柱	计算值	公立柱	母立柱	公立柱	母立柱
−1.0	1.75	1.82	2.4	0.27	0.26	204	199
−2.0	3.94	4.2	4.8	0.89	0.76	443	449
−3.0	6.33	6.72	7.1	1.96	1.79	692	703

续表

等效风压/kPa	平面外变形/mm			平面内变形/mm		应变/$\mu\varepsilon$	
	公立柱	母立柱	计算值	公立柱	母立柱	公立柱	母立柱
-4.0	8.74	9.2	9.5	2.97	3.06	952	954
-4.55	10.33	10.64	10.8	3.61	3.98	1120	1117

表 5-4　立柱 SC-1-1 变形和应变值

等效风压/kPa	平面外变形/mm			平面内变形/mm		应变/$\mu\varepsilon$	
	公立柱	母立柱	计算值	公立柱	母立柱	公立柱	母立柱
1.0	2.19	2.52	2.4	0.91	-0.2	239	311
2.0	4.49	5.11	4.8	1.7	-0.93	477	629
3.0	7.07	7.81	7.1	2.44	-1.63	738	962
4.0	9.49	10.32	9.5	3.06	-2.21	980	1267
4.55	11.09	11.97	10.8	3.45	-2.59	1144	1473

表 5-5　立柱 SC-2-1 变形和应变值

等效风压/kPa	平面外变形/mm			平面内变形/mm		应变/$\mu\varepsilon$	
	公立柱	母立柱	计算值	公立柱	母立柱	公立柱	母立柱
1.0	1.51	2.26	2.4	1.3	-0.04	210	279
2.0	3.74	4.92	4.8	1.86	-0.49	435	570
3.0	6.22	7.64	7.1	2.5	-1.02	683	885
4.0	8.63	10.19	9.5	3.05	-1.5	925	1181
4.55	10.1	11.75	10.8	3.33	-1.73	1072	1358

由表 5-2 可知：

(1) 随着风压的增大，平面外变形基本上呈线性增大趋势，且母立柱的平面外变形略大于公立柱平面外变形，这是由于母立柱的抗弯刚度小于公立柱的抗弯刚度造成的，但公、母立柱平面外变形值与计算值相差不大；

(2) 由于试件 SC-0-1 未设置挂钩，所以其平面内的变形值较大，且公、母立柱的平面内变形值较为接近；

(3) 风压较小时，公、母立柱的实测应变值相差不大，随着风压的增大，母立柱应变值增速较公立柱应变值增速大。

由表 5-3 可知：

(1) 负风作用下，公、母立柱平面外变形实测结果与计算结果基本一致；

(2) 公、母立柱的平面外、平面内变形和应变基本相同；

(3) 公、母立柱在负风作用下，随着荷载的不断增大，开口逐步相互靠拢，最终紧密接触，形成类似于闭口截面的形式，可共同受力、协同变形。

由表 5-4 可知：

(1) 公、母立柱平面外变形规律与不带挂钩试件 SC-0-1 基本相同，但变形值略小于试件 SC-0-1，说明挂钩的存在，增强了公、母立柱的共同工作性能，使平面外变形减小；

(2) 由于试件 SC-1-1 在跨中位置设置了一组挂钩，将公、母立柱拉接在一起，所以其平面内的变形值显著减小；

(3) 与试件 SC-0-1 相比，公立柱的应变值相差不大，但母立柱的应变值在 4.55kPa 时增大 140με，说明挂钩的存在使得公、母立柱协同变形、共同受力，由于母立柱的抗弯刚度较小，为实现协同受力，其应变值较大。

由表 5-5 可知：

(1) 公、母立柱平面外变形规律与不带挂钩试件 SC-0-1 基本相同，但变形值明显小于无挂钩试件 SC-0-1，亦小于带一组挂钩试件 SC-1-1，说明挂钩的存在增强了公、母立柱的共同工作性能，使平面外变形减小；

(2) 由于试件 SC-2-1 在跨中位置设置了两组挂钩，将公、母立柱拉接在一起，所以其平面内的变形值较无挂钩试件 SC-0-1 显著减小，与带一组挂钩试件 SC-1-1 相差不大。

5.2.2.2 超临界荷载试验

为了研究超临界荷载之后的立柱变化情况，特对带一组挂钩的立柱进行了正负风压下的荷载试验，等效风压依次为 2.0kPa、4.0kPa、6.0kPa、8.0kPa、10.0kPa。正压、负压工况下的试验结果分别见表 5-6、表 5-7。

表 5-6 大荷载工况正压荷载下变形和应变值

等效风压/kPa	平面外变形/mm		平面内变形/mm		受拉应变/με		受压应变/με	
	公立柱	母立柱	公立柱	母立柱	公立柱	母立柱	公立柱	母立柱
2.0	4.67	4.75	1.66	−0.96	475	480	−389	−383
4.0	9.36	10.13	2.87	−2.06	965	935	−842	−827
6.0	14.46	15.36	3.87	−3.02	1470	1381	−1319	−1266
8.0	19.76	20.76	4.84	−4.01	2044	1821	−1858	−1712
10.0	25.28	26.45	24.0	5.22	2266	2832	−2010	−1895

表 5-7 大荷载工况负压荷载下变形和应变值

等效风压/kPa	平面外变形/mm		平面内变形/mm		受拉应变/με		受压应变/με	
	公立柱	母立柱	公立柱	母立柱	公立柱	母立柱	公立柱	母立柱
−2.0	5.34	5.41	−1.79	−1.01	561	556	−454	−536
−4.0	10.45	10.9	−3.78	−2.31	1103	1099	−900	−1062
−6.0	15.55	16.33	−5.98	−2.66	1320	1633	−1355	−1612
−8.0	20.34	21.45	−7.99	−1.37	2110	2122	−1810	−2189
−10.0	25.14	26.5	−10.72	1.06	2584	2594	−2232	−2776

由表 5-6 和表 5-7 可知：

(1) 随着风压的增大，平面外变形和应变值基本呈线性增大；相同大小的正风和负风作用下，平面外变形和应变基本相同，而且平面外变形试验值与计算结果较为一致；

(2) 正风作用下平面内变形逐步增大，但由于挂钩的拉接作用，使平面内变形增长较为缓慢；负风作用时，在加载初期，公母立柱平面内变形均逐步变大，但当风压达到 8kPa 时，母立柱平面内的变形逐步减小，说明此时公立柱和母立柱已闭合在一起，公母立柱一起偏向母立柱一侧;(3)风压达到10kPa时,远超过公母立柱的临界荷载,但变形形态仍为弹性,无明显的失稳现象发生。

5.2.3 试验现象

5.2.3.1 试件 SC-0-1

无挂钩开口截面铝合金立柱正风作用下的开口变形见图5-7,随着风荷载的增大,开口变形逐渐增大。

(a) 2kPa对应变形

(b) 3kPa对应变形

(c) 4kPa对应变形

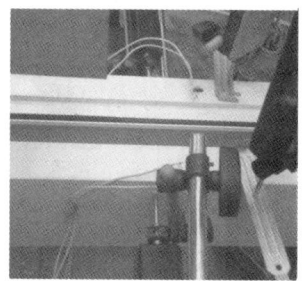
(d) 4.55kPa对应变形

图 5-7　SC-0-1 变形特征

5.2.3.2 试件 SC-0-2、SC-1-2、SC-2-2

无挂钩开口截面铝合金立柱正风作用下的开口变形见图5-8,可见,随着荷载的不断增大,开口逐步相互靠拢,最终紧密接触,形成类似于闭口截面的形式,可共同受力,协同变形。

图 5-8　SC-0-2、SC-1-2、SC-2-2 变形特征

5.2.3.3 试件 SC-1-1

在公母立柱中部设置一组挂钩,在有一定风压时,立柱将开口,由于存在一组挂钩,挂钩将公母立柱拉结在一起,共同受力、协同变形,所以在加载过程中,公母立柱的变形方向是一致的,照片上无明显可见现象,此处以位移计和应变片所测数据为准。最终变形特征见图 5-9。

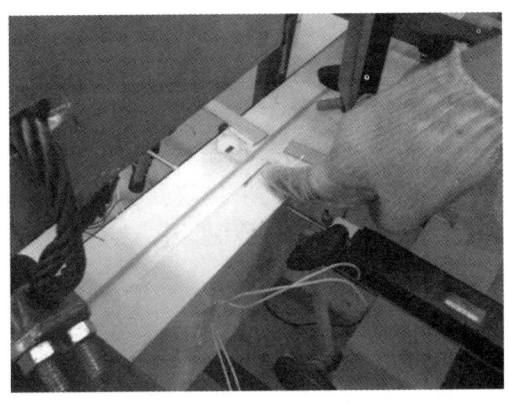

图 5-9 SC-1-1 变形特征

5.2.3.4 试件 SC-2-1

在公母立柱中部两侧 400mm 处各设置一组挂钩,由于挂钩的拉结作用,使得公母立柱的变化情况与只有一组挂钩试验类似,以位移计和应变片所测数据为准。最终变形特征见图 5-10。

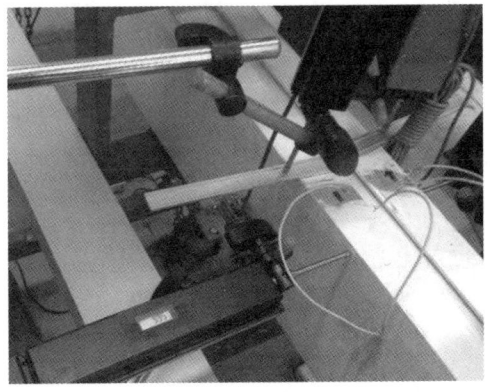

图 5-10 SC-2-1 变形特征

5.3 单元体加压腔试验

5.3.1 试验概况

在江河创建集团股份有限公司幕墙三性实验室共进行了 6 组单元体在不同工况下的荷载试验,分别考虑了不带挂钩、一组挂钩、两组挂钩和正风、负风等因素的影响。单元体由两个板块组装而成,平面尺寸为 2730mm×2730mm。

6 组试验的不同设计参数见表 5-8。为方便后续试验描述,对各组试验工况进行编号。

表 5-8　各试验设计参数

编号	UN-0-1	UN-0-2	UN-1-1	UN-1-2	UN-2-1	UN-2-2
挂钩	无	无	一组	一组	两组	两组
风向	正风	负风	正风	负风	正风	负风

注：UN-A-B 中，UN 表示单元体幕墙，A 表示挂钩数量，B 表示风向（1 为正风，2 为负风）。

加载装置见图 5-11，该加载装置可以较好地模拟单元体在实际工程中的边界条件，并模拟正风、负风条件下的受力工况，数据采集仪器可自动采集相应的位移变化。风压按照 1.0kPa、2.0kPa、3.0kPa、4.0kPa、5.0kPa 连续变化，数据采集系统采集相应时刻的数据。

图 5-11　加载装置

5.3.2　试验结果

整理试验过程中的数据并汇总，单元体 UN-0-1、单元体 UN-0-2、单元体 UN-1-1、单元体 UN-1-2、单元体 UN-2-1、单元体 UN-2-2 的平面外、平面内变形和应变结果分别见表 5-9～表 5-14。

表 5-9　立柱 UN-0-1 变形和应变值

风压/kPa	平面外变形/mm			平面内变形/mm		应变/$\mu\varepsilon$	
	公立柱	母立柱	计算值	公立柱	母立柱	公立柱	母立柱
1.0	5.54	6.39	2.4	1.32	−0.59	258	345
2.0	8.57	9.73	4.8	2.08	−0.17	443	633
3.0	12.01	13.53	7.1	9.1	1.99	620	905
4.0	16.31	17.5	9.5	10.69	4.75	823	1165
5.0	19.35	20.44	10.8	12.51	5.64	1050	1344

表 5-10 立柱 UN-0-2 变形和应变值

风压/kPa	平面外变形/mm			平面内变形/mm		应变/με	
	公立柱	母立柱	计算值	公立柱	母立柱	公立柱	母立柱
−1.0	4.45	4.6	2.4	−1.43	−1.9	−239	−262
−2.0	6.65	7.07	4.8	2.52	−3.06	−448	−516
−3.0	9.09	9.66	7.1	2.64	−2.95	−630	−815
−4.0	11.75	12.67	9.5	2.87	−2.76	−813	−1127
−5.0	14.08	15.05	10.8	2.51	−2.63	−993	−1445

表 5-11 立柱 UN-1-1 变形和应变值

风压/kPa	平面外变形/mm			平面内变形/mm		应变/με	
	公立柱	母立柱	计算值	公立柱	母立柱	公立柱	母立柱
1.0	5.02	5.63	2.4	1.32	0.67	183	296
2.0	8.82	9.82	4.8	1.98	0.17	319	542
3.0	11.67	13.32	7.1	2.53	−0.26	438	769
4.0	18.22	16.98	9.5	2.91	−0.53	580	1034
5.0	18.31	20.44	10.8	3.19	−0.68	739	1293

表 5-12 立柱 UN-1-2 变形和应变值

风压/kPa	平面外变形/mm			平面内变形/mm		应变/με	
	公立柱	母立柱	计算值	公立柱	母立柱	公立柱	母立柱
−1.0	4.46	1.82	2.4	1.32	1.69	−137	−213
−2.0	8.89	2.9	4.8	2.24	1.99	−298	−482
−3.0	11.67	5.93	7.1	3.42	2.69	−467	−729
−4.0	14.39	8.99	9.5	3.79	2.61	−637	−1050
−5.0	16.79	11.73	10.8	4.24	2.42	−791	−1283

表 5-13 立柱 UN-2-1 变形和应变值

风压/kPa	平面外变形/mm			平面内变形/mm		应变/με	
	公立柱	母立柱	计算值	公立柱	母立柱	公立柱	母立柱
1.0	5.37	6.9	2.4	1.04	0.31	190	293
2.0	9.15	9.53	4.8	2.06	0.89	315	495
3.0	12.31	12.8	7.1	2.71	0.99	448	680
4.0	15.46	16.08	9.5	3.29	1.01	567	867
5.0	18.27	19.15	10.8	3.85	1.03	720	1073

表 5-14 立柱 UN-2-2 变形和应变值

风压/kPa	平面外变形/mm			平面内变形/mm		应变/με	
	公立柱	母立柱	计算值	公立柱	母立柱	公立柱	母立柱
−1.0	7.37	7.29	2.4	1.24	2.08	−166	−206

续表

风压/kPa	平面外变形/mm			平面内变形/mm		应变/με	
	公立柱	母立柱	计算值	公立柱	母立柱	公立柱	母立柱
−2.0	11.01	11.06	4.8	2.16	2.69	−308	−472
−3.0	15.21	15.24	7.1	3.21	3.67	−485	−728
−4.0	19.37	19.51	9.5	3.73	3.71	−654	−1021
−5.0	23.96	24.23	10.8	4.35	3.53	−817	−1283

由于实验室加载条件限制,最多只能加载到5kPa,由表5-9～表5-14可知:

(1) 开口铝合金立柱在5kPa的风压作用下,平面外变形和应变值与单根立柱所得结果较为接近,而且平面外变形与计算结果吻合较好;

(2) 正向风压为1kPa时,公母立柱各自变形,当风压增大至2kPa时,开口变形继续增大,挂钩开始发挥作用,将公母立柱拉接在一起,而公立柱的抗弯刚度较大,使得母立柱向公立柱一侧靠拢;

(3) 负风作用时,挂钩基本不起作用,随着风压的增大公母立柱相互靠拢,风压为4kPa时,母立柱变形逐步减小,说明公母立柱一起朝着母立柱方向偏移。

5.3.3 试验现象

5.3.3.1 单元体 UN-0-1

单元体幕墙无挂钩开口截面铝合金立柱正风作用下的开口变形见图5-12,可见,随着风荷载的增大,开口变形逐渐增大。

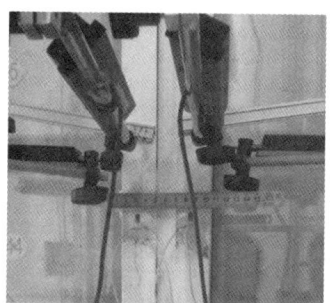
(a) 2kPa对应变形

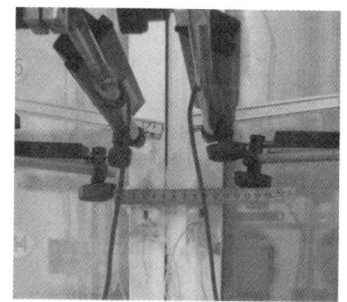
(b) 3kPa对应变形

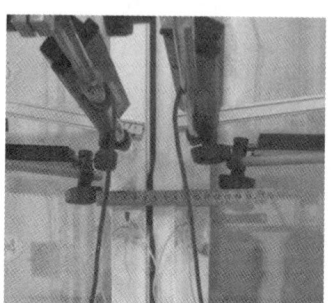
(c) 4kPa对应变形

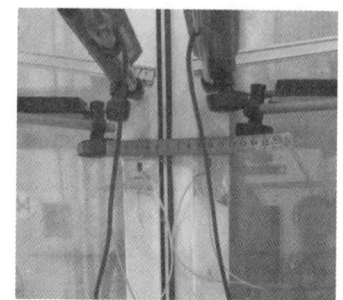
(d) 5kPa对应变形

图 5-12 UN-0-1 变形特征

5.3.3.2 单元体 UN-0-2、UN-1-2、UN-2-2

无挂钩开口截面铝合金立柱正风作用下的开口变形见图 5-13，可见，在公母立柱开口闭合之后，随着风压的继续增大，开口仍然紧紧闭合在一起，共同受力，协同变形。

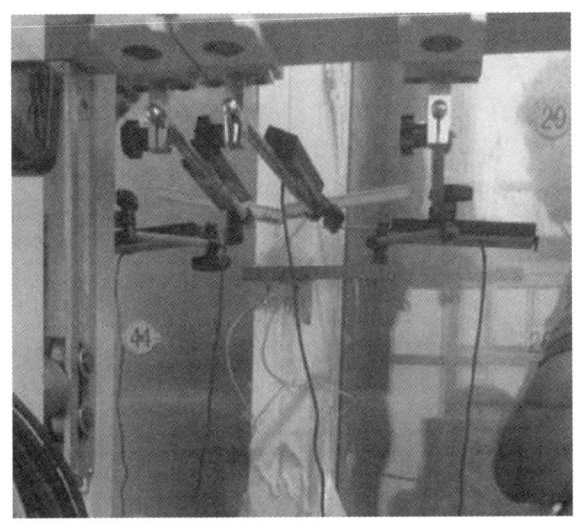

图 5-13 UN-0-2、UN-1-2、UN-2-2 变形特征

5.3.3.3 单元体 UN-1-1

在公母立柱中部设置一组挂钩，在有一定风压时，立柱将开口，由于存在一组挂钩，挂钩将公母立柱拉接在一起，共同受力，协同变形，所以在加载过程中，公母立柱的变形方向是一致的，照片上无明显可见现象，此处以位移计和应变片所测数据为准。最终变形特征见图 5-14。

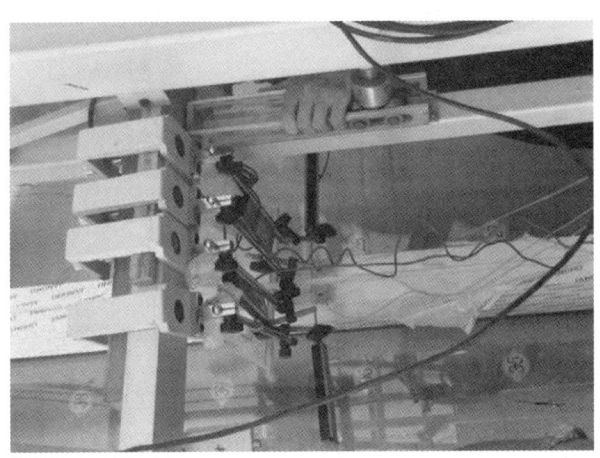

图 5-14 UN-1-1 变形特征

5.3.3.4 单元体 UN-2-1

由于在公母立柱中部两侧 400mm 处各设置了一组挂钩，所以在加载过程中，由于拉钩的拉接作用，立柱开口无明显变化，见图 5-15。

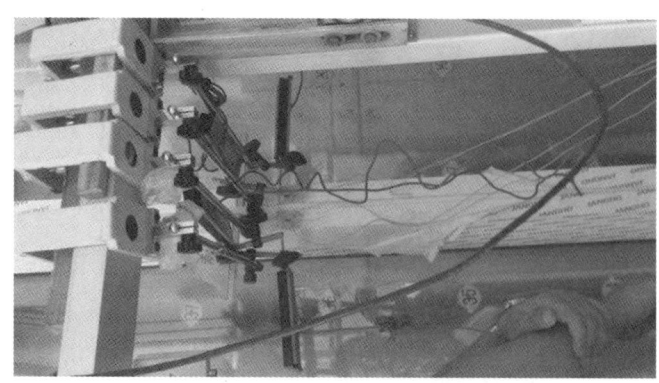

图 5-15　UN-2-1 变形特征

5.4　单元体破坏试验

5.4.1　试验概况

为研究单元体的极限破坏状态，且保证试验过程中的人员设备安全，特对试验方案进行改进，将两个单元体板块拼装后水平放置，利用实验室现有的钢框架模拟其边界条件，并用 800mm 高的钢架将钢框架支撑起来。单元体下部的空间用以安装位移计和设置应变片。加载装置如图 5-16 所示。

图 5-16　试验加载装置

用砂袋模拟风压，为保证单元体均匀受压和人员设备安全，在每次加载时底部两层砂袋都采用人工加载，三层之上则将砂袋置于木制托盘之上，用叉车将其放在单元体之上。共进行了 4 组单元体砂袋加载试验，其中 CW-0-1 和 CW-0-2 分别为不带挂钩的正风、负风循环试验，CW-1-1 为带一组挂钩的正风循环试验，CW-1-1D 为带一组挂钩的正风极限破坏试验。

加载过程中，为保证数据准确，称量每一砂袋的质量并记录，每层共放置 32 袋砂子。为得到卸载后的位移和应变数据,采用逐层卸载并记录卸载后的相应数据,这样便得出每次加载的数据。

5.4.2 试验结果

整理试验过程中的数据并汇总,单元体 CW-0-1、单元体 CW-0-2、单元体 CW-1-1 的平面外、平面内变形和应变结果分别见表 5-15～表 5-17。

表 5-15 单元体 CW-0-1 中立柱变形和应变值

加卸载	等效压力/kPa	平面外变形/mm		平面内变形/mm		应变/$\mu\varepsilon$	
		公立柱	母立柱	公立柱	母立柱	公立柱	母立柱
加载	1.97	4.15	5.44	2.2	2.87	297	391
	3.71	6.96	9.65	3.31	4.38	529	560
	5.44	10.98	13.45	4.99	6.22	836	935
	7.16	14.42	17.13	7.75	8.44	1176	1230
	8.95	18.05	21.33	9.49	10.87	1440	1571
	10.80	21.58	25.52	11.05	12.99	1885	2104
卸载	8.95	19.37	22.78	10.53	13.34	1560	1696
	7.16	16.42	19.49	9.41	12.56	1309	1364
	5.44	13.21	15.82	7.59	11.3	1073	1165
	3.71	9.44	12.54	4.67	9.6	681	793
	1.97	5.98	8.62	2.32	7.59	454	572
	0	1.15	3.34	−0.69	3.82	131	236

由表 5-15 可知:砂袋卸载后,公立柱有 1.15mm 的平面外变形,母立柱有 3.34mm 的平面外变形;公立柱有−0.69mm 的平面内变形,母立柱有 3.82mm 的平面内变形;公立柱有 131$\mu\varepsilon$ 的残余应变,母立柱有 236$\mu\varepsilon$ 的残余应变;在超临界荷载的情况下,立柱依然无明显失稳现象。

表 5-16 单元体 CW-0-2 中立柱变形和应变值

加卸载	等效压力/kPa	平面外变形/mm	应变/$\mu\varepsilon$	
			公立柱	母立柱
加载	1.74	7.46	200	288
	3.71	12.26	424	530
	5.44	15.84	551	763
	7.16	20.6	793	1091
	8.95	25.15	1024	1425
卸载	7.16	22.29	835	1185
	5.44	18.76	677	911
	3.71	14.9	558	661
	1.74	10.04	400	491
	0	1.85	140	201

由表 5-16 可知：砂袋卸载后，中立柱有 1.85mm 的平面外变形；公立柱有 140$\mu\varepsilon$ 的残余应变，母立柱有 201$\mu\varepsilon$ 的残余应变；在超临界荷载的情况下，立柱依然无明显失稳现象。

表 5-17　单元体 CW-1-1 中立柱变形和应变值

加卸载	等效压力/kPa	平面外变形/mm		平面内变形/mm		应变/$\mu\varepsilon$	
		公立柱	母立柱	公立柱	母立柱	公立柱	母立柱
加载	1.97	8.76	9.51	1.37	−0.46	172	352
	3.71	13.15	14.21	1.88	−1.01	295	602
	5.44	16.34	17.74	2.15	−1.3	417	836
	7.16	19.67	21.49	2.39	−1.6	561	1101
	8.95	23.22	25.48	2.64	−1.89	772	1481
	10.80	27.57	29.97	2.88	−2.25	1022	1900
	12.94	31.51	34.51	3.15	−2.56	1260	2549
卸载	10.80	29.02	32.02	3.01	−2.35	1051	2334
	8.95	25.6	28.11	2.68	−2.03	887	1976
	7.16	22.53	24.89	2.42	−1.74	693	1682
	5.44	19.77	21.5	2.04	−1.34	551	1400
	3.71	16.74	18.22	1.54	−0.93	403	1144
	1.97	13.2	14.21	0.92	−0.31	193	820
	0	6.9	7.62	0.41	−0.17	70	499

由表 5-17 可知：砂袋卸载后，公立柱有 6.9mm 的平面外变形，母立柱有 7.62mm 的平面外变形；平面内变形基本恢复原状；公立柱有 70$\mu\varepsilon$ 的残余应变，母立柱有 499$\mu\varepsilon$ 的残余应变；在超临界荷载的情况下，立柱依然无明显失稳现象。

5.4.3　试验现象

5.4.3.1　单元体 CW-0-1

加载过程中的照片见图 5-17，不同荷载作用下的变形特征见图 5-18。

图 5-17　加载过程

(a) 1.97kPa对应变形

(b) 3.71kPa对应变形

(c) 5.44kPa对应变形

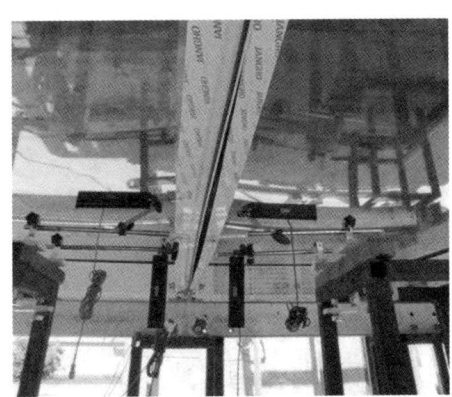
(d) 7.16kPa对应变形

(e) 8.95kPa对应变形

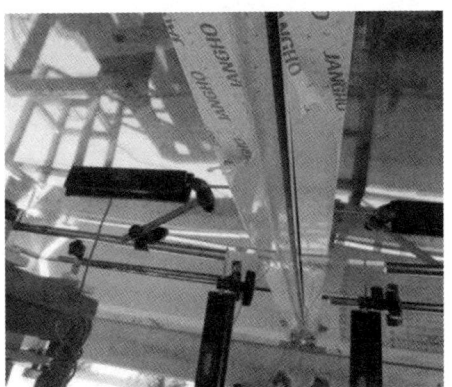
(f) 10.80kPa对应变形

图 5-18　CW-0-1 变形特征

5.4.3.2　单元体 CW-0-2

加载过程中的照片见图 5-19，不同荷载作用下的变形特征见图 5-20。

图 5-19 加载过程

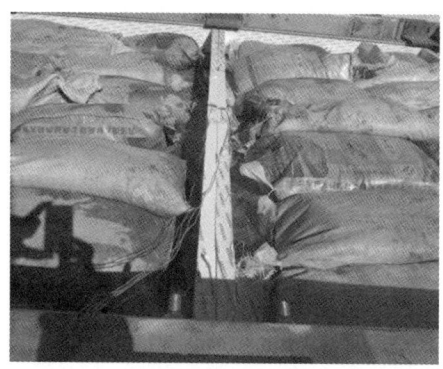 

(a) 1.74kPa对应变形　　　　　　　(b) 3.71kPa对应变形

(c) 5.44kPa对应变形　　　　　　　(d) 7.16kPa对应变形

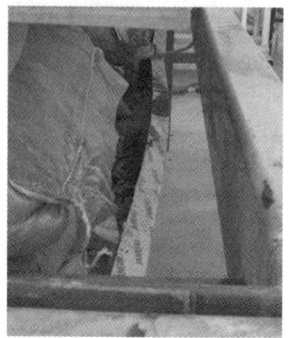 

(e) 8.95kPa对应边立柱变形

图 5-20　CW-0-2 变形特征

5.4.3.3 单元体 CW-1-1

不同荷载作用下的变形特征见图 5-21，可见，由于在柱中设了一组挂钩，使得中立柱能够协调变形，共同受力，在加载后期开口变形无明显变化。

(a) 1.97kPa对应变形　　　　　(b) 3.71kPa对应变形

(c) 5.44kPa对应变形　　　　　(d) 7.16kPa对应变形

(e) 8.95kPa对应变形　　　　　(f) 10.80kPa对应变形

图 5-21　CW-1-1 变形特征

5.4.3.4 单元体 CW-1-1D

本试验为测试单元体板块的极限破坏荷载，前述试验已经做了带一组挂钩的正风压试验，并详细记录相应变形和应变值，故本试验未测试相应数据。

加载过程中的照片见图 5-22，不同荷载作用下的变形特征见图 5-23。

图 5-22 加载过程

(a) 19.46kPa对应状态　　　　　　　　(b) 20.51kPa对应状态

图 5-23 CW-1-1D 变形破坏特征

5.5 小　　结

通过单根立柱试验、单元体加压腔试验和单元体破坏试验，研究了单元体铝合金立柱在不同工况下的受力性能，得出以下主要结论：

（1）梯形荷载作用下，立柱平面外挠度方向的变形计算结果与实测值吻合较好；

（2）正风压作用下，是否布置挂钩对平面内变形（开口变形）的影响较为显著，但对平面外变形（挠度变形）和应变影响较小，且布置一组挂钩与布置两组挂钩的差别不大，为加工、安装方便，建议可在立柱中部只布置一组挂钩，即可达到较好的试验效果。

（3）负风压作用下，是否布置挂钩对立柱变形和应变无影响，随着负风压的增大，开口逐步靠拢，最终形成类似于闭口截面的形式，可实现共同受力，协同变形。

（4）考虑公、母立柱之间的相互扶持作用对提高组合立柱屈曲特征值作用显著，但考虑其扶持作用时，挂钩对特征值无明显影响。

（5）采用三维实体单元对各工况下立柱受力性能进行了有限元模拟，其结果与试验实测结果吻合较好，验证了有限元数值模拟的准确性和有限元模型的可靠性。

6 开口截面立柱有限元数值模拟

有限元数值模拟作为一种研究手段,在工程设计中应用较为广泛,本章采用数值模拟方法对开口截面立柱受力性能进行了分析。

6.1 单元体幕墙公母立柱协同工作性能分析

为研究单元体幕墙公、母立柱的协同工作性能,分别对单根公立柱、单根母立柱、考虑玻璃约束与否和带挂钩与否情况下组合立柱在正、负风作用下的变形和屈曲性能进行了有限元数值模拟。

6.1.1 模型建立

模型采用与图 5-3 相同的截面,跨度为 2.73m,等效风压为 5kPa。柱和挂钩均为 6061-T6 铝合金材料,其强度和弹性模量均采用规范中的值。

采用有限元分析软件 Workbench 对不同工况下铝合金立柱模型进行有限元模拟。各工况对应的分析模型编号见表 6-1。

表 6-1 模型编号

工况类型	模型编号
单根公立柱	MLZ-1
单根母立柱	MLZ-2
不考虑玻璃、无挂钩组合立柱	MLZ-3
不考虑玻璃、有挂钩组合立柱	MLZ-4
考虑玻璃、无挂钩组合立柱	MLZ-5
考虑玻璃、有挂钩组合立柱	MLZ-6

有限元分析过程中,公、母立柱和挂钩选用三维 20 节点实体单元 Solid186;考虑到分析组合立柱时,公母立柱之间、挂钩与立柱之间存在相互作用,均通过建立接触对进行模拟,分别采用三维目标单元 Targe170、三维 8 节点面面接触单元 Conta174 定义目标面和接触面。为使网格划分均匀,立柱和挂钩均进行扫略网格划分。

立柱支座处约束按照简支考虑,一端截面约束三个方向的位移、绕弱轴的扭转和沿轴向的扭转五个自由度,另一端截面放松轴向位移约束,只约束四个自由度;在本章分析过程中,通过约束铝合金立柱与玻璃连接平面的水平位移来考虑玻璃的约束作用。

6.1.2 分析结果

6.1.2.1 模型 MLZ-1

模型 MLZ-1 为单根公立柱，只约束了其端面，未考虑玻璃的约束作用。单根公立柱在正风作用下幕墙平面内变形见图 6-1（a），幕墙平面外变形见图 6-1（b），一阶屈曲模态见图 6-1（c）。负风作用下的变形和一阶屈曲模态见图 6-2。分析结果见表 6-2。

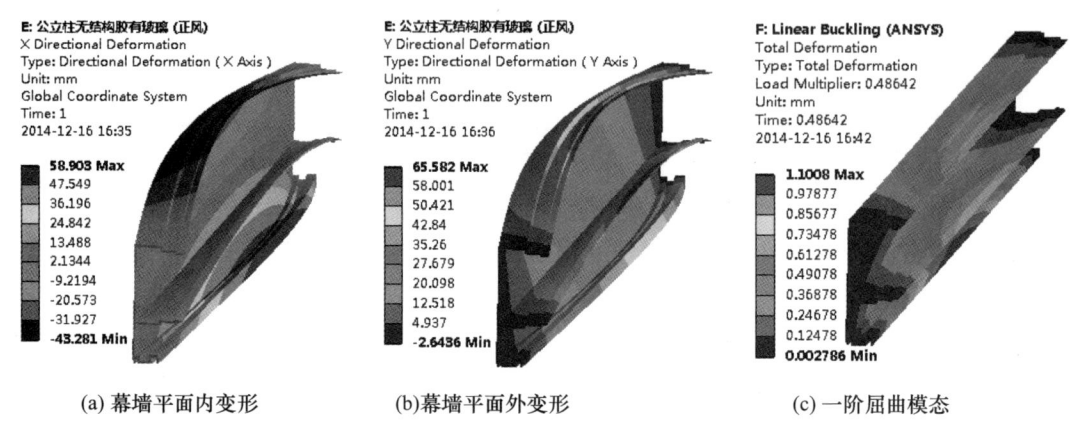

(a) 幕墙平面内变形　　(b) 幕墙平面外变形　　(c) 一阶屈曲模态

图 6-1　正风作用下变形图和一阶屈曲模态

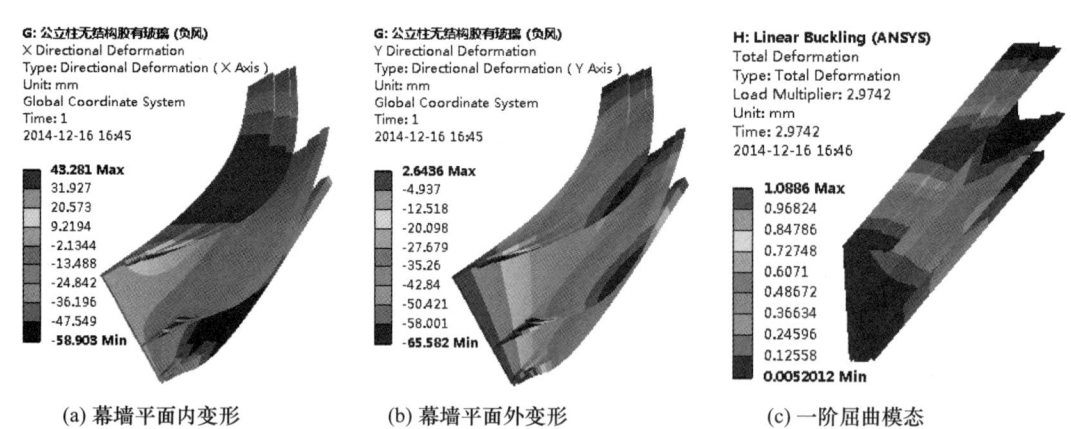

(a) 幕墙平面内变形　　(b) 幕墙平面外变形　　(c) 一阶屈曲模态

图 6-2　负风作用下变形图和一阶屈曲模态

表 6-2　单根公立柱变形和一阶屈曲特征值

结果	幕墙平面内变形/mm	幕墙平面外变形/mm	特征值
正风	58.9（粘胶面），−43.3	65.6	0.486
负风	43.3，−58.9（粘胶面）	65.6	2.974

注：幕墙平面内变形中粘胶面指的是粘贴玻璃的一面。

由图 6-1、图 6-2 和表 6-2 可知：

（1）单根公立柱在正风、负风作用下的幕墙平面外变形相同，而且粘胶面在正风、负风作用下位移的绝对值相等。

(2) 该分析工况下，只有支座约束，未考虑玻璃的约束作用，所以幕墙平面内和幕墙平面外的位移较大；负风时特征值为 2.974，结果偏大，如果释放支座处绕弱轴扭转，其特征值为 0.393。

(3) 模型幕墙平面内的变形较大，说明单根公立柱在正、负风压作用下的扭转变形较为显著。

6.1.2.2 模型 MLZ-2

模型 MLZ-2 为单根母立柱，只约束了其端面，未考虑玻璃的约束作用。单根母立柱在正风、负风作用下的变形和屈曲特征值见表 6-3。

表 6-3 单根母立柱变形和一阶屈曲特征值

结果	幕墙平面内变形/mm	幕墙平面外变形/mm	特征值
正风	79.9，−68.6（粘胶面）	58.5	0.33
负风	68.6（粘胶面），−79.9	58.5	0.803

由表 6-3 可知：

(1) 单根母立柱在正风和负风作用下的幕墙平面外变形相等；

(2) 此时未考虑玻璃的约束作用，所以模型幕墙平面内和幕墙平面外的位移较大。说明单根母立柱在风压作用下的扭转变形较为显著。

6.1.2.3 模型 MLZ-3

模型 MLZ-3 为无挂钩公母组合立柱，只约束了其端面，未考虑玻璃对立柱的约束作用。公母组合立柱在正风、负风作用下的变形和一阶屈曲模态分别见图 6-3 和图 6-4。分析结果见表 6-4。

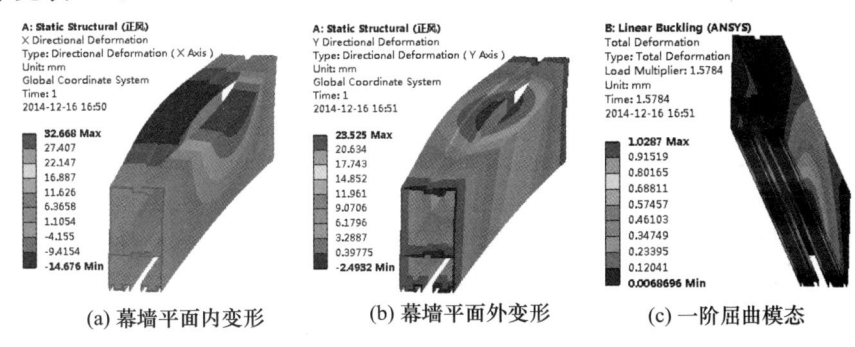

(a) 幕墙平面内变形　　(b) 幕墙平面外变形　　(c) 一阶屈曲模态

图 6-3 正风作用下变形图和一阶屈曲模态

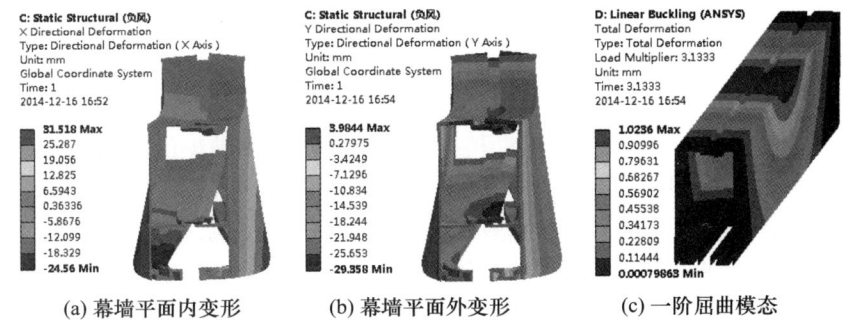

(a) 幕墙平面内变形　　(b) 幕墙平面外变形　　(c) 一阶屈曲模态

图 6-4 负风作用下变形图和一阶屈曲模态

表 6-4 组合立柱变形和一阶屈曲特征值

结果	幕墙平面内变形/mm		幕墙平面外变形/mm	特征值
	公立柱	母立柱		
正风	14.7	32.7	23.5	1.578
负风	24.6	31.5	29.4	3.133

由图 6-3、图 6-4 和表 6-4 可知：

（1）该分析工况下，虽未考虑玻璃的约束作用，但考虑了公母立柱的相互扶持作用，与单独分析公母立柱的结果相比，位移显著减小，特征值显著增大。说明公母立柱的相互扶持作用明显增强了其抗风能力。

（2）考虑公、母立柱之间的相互扶持作用，有助于提高组合立柱的承载能力，实现其共同工作、协同变形的要求。

6.1.2.4 模型 MLZ-4

模型 MLZ-4 为有挂钩公母组合立柱，只约束了其端面，未考虑玻璃对立柱的约束作用。公母组合立柱在正风、负风作用下的变形和屈曲特征值见表 6-5。

表 6-5 组合立柱变形和一阶屈曲特征值

结果	幕墙平面内变形/mm		幕墙平面外变形/mm	特征值
	公立柱	母立柱		
正风	2.9	1.6	15.1	1.581
负风	20.3	23.3	27.3	3.129

由表 6-5 可知：

（1）该分析工况下，由于考虑了挂钩的作用，正风时挂钩对公母立柱起到拉接作用，在风压作用下公母立柱并未分开，幕墙平面内的开口变形较小。

（2）负风作用时，有挂钩一侧公母立柱相互靠拢，挂钩对其受力和变形不起作用，与无挂钩情况相同；同时由于未考虑玻璃的约束作用，使得粘胶面在幕墙平面内有较大的变形；挂钩存在与否，对变形和特征值基本无影响。

6.1.2.5 模型 MLZ-5

模型 MLZ-5 为无挂钩公母组合立柱，约束立柱端面的同时考虑了玻璃对立柱的约束作用。公母组合立柱在正风、负风作用下的变形和一阶屈曲模态分别见图 6-5 和图 6-6。分析结果见表 6-6。

由图 6-5、图 6-6 和表 6-6 可知：

（1）该分析工况下，考虑了公母立柱的相互扶持作用和玻璃的位移约束作用，与单独分析公母立柱的结果相比，位移显著减小，特征值显著增大。

（2）与考虑公母立柱相互扶持无挂钩且不考虑玻璃约束作用的工况（模型 MLZ-3）相比，正风作用下的有限元幕墙平面内和幕墙平面外变形结果未有明显变化，特征值提高了 1.7 倍；负风作用下的有限元分析变形结果明显变小，特征值无明显提高。

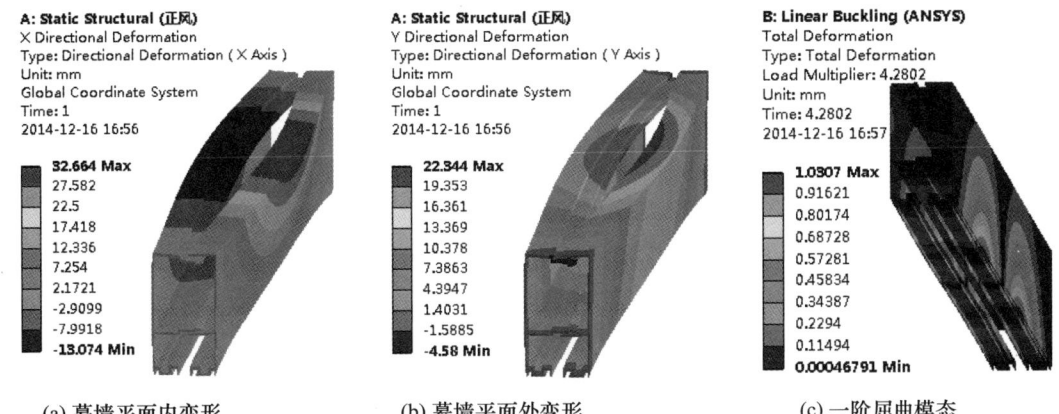

(a) 幕墙平面内变形　　(b) 幕墙平面外变形　　(c) 一阶屈曲模态

图 6-5　正风作用下变形图和一阶屈曲模态

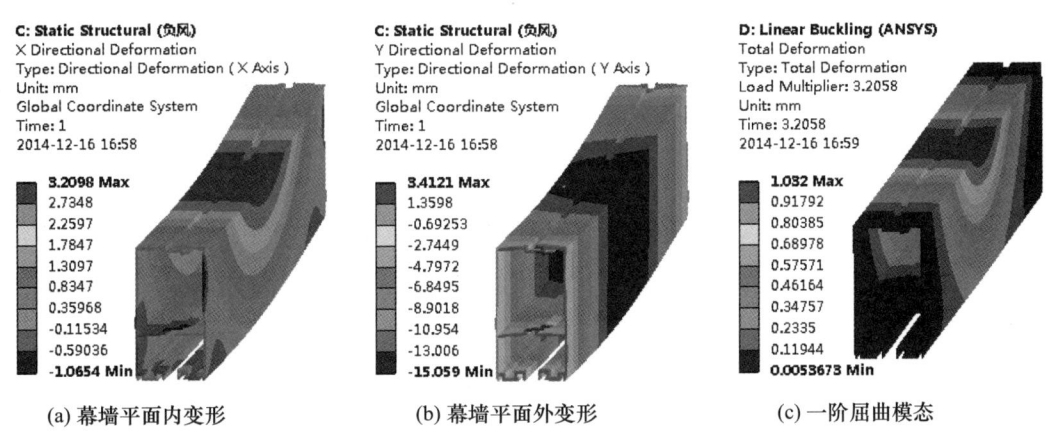

(a) 幕墙平面内变形　　(b) 幕墙平面外变形　　(c) 一阶屈曲模态

图 6-6　负风作用下变形图和一阶屈曲模态

表 6-6　组合立柱变形和一阶屈曲特征值

结果	幕墙平面内变形/mm		幕墙平面外变形/mm	特征值
	公立柱	母立柱		
正风	13.1	32.7	22.3	4.28
负风	3.2	1.1	15.1	3.206

6.1.2.6　模型 MLZ-6

模型 MLZ-6 为有挂钩公母组合立柱，约束立柱端面的同时考虑了玻璃对立柱的约束作用。公母组合立柱在正风、负风作用下的变形和屈曲特征值见表 6-7。

表 6-7　组合立柱变形和一阶屈曲特征值

结果	幕墙平面内变形/mm		幕墙平面外变形/mm	特征值
	公立柱	母立柱		
正风	2.9	1.2	14.7	4.414
负风	3.2	1.1	15.0	3.208

由表6-7可知：该分析工况下，考虑了公母立柱的相互扶持作用、玻璃的位移约束作用和挂钩的拉接作用，正风作用下的幕墙平面内和幕墙平面外变形较小，特征值符合预期，具有良好的受力性能。

6.1.2.7 结果对比

对上述各工况分析结果进行汇总，见表6-8。

表6-8 不同工况分析结果汇总

模型	风向	幕墙平面内变形/mm		幕墙平面外变形/mm	特征值
		公立柱	母立柱		
MLZ-1	正风	58.9（粘胶面），−43.3		65.6	0.486
	负风	43.3，−58.9（粘胶面）		65.6	2.974
MLZ-2	正风	79.9，−68.6（粘胶面）		58.5	0.33
	负风	68.6（粘胶面），−79.9		58.5	0.803
MLZ-3	正风	14.7	32.7	23.5	1.578
	负风	24.6	31.5	29.4	3.133
MLZ-4	正风	2.9	1.6	15.1	1.581
	负风	20.3	23.3	27.3	3.129
MLZ-5	正风	13.1	32.7	22.3	4.28
	负风	3.2	1.1	15.1	3.206
MLZ-6	正风	2.9	1.2	14.7	4.414
	负风	3.2	1.1	15.0	3.208

通过对比表6-8中不同工况类型结果可知：

（1）模型MLZ-3与模型MLZ-1和模型MLZ-2相比：在无挂钩、不考虑玻璃的情况下，模型MLZ-3的变形显著减小，特征值显著增大，说明考虑公母立柱相互扶持作用后可显著提高其受力性能，在实际应用中应考虑公母立柱之间协同工作、共同变形的性能。

（2）模型MLZ-4与模型MLZ-1和模型MLZ-2相比：考虑公母立柱的相互扶持，使得变形显著减小，特征值显著增大；正风作用时由于挂钩的存在，使得幕墙平面内变形急剧减小，幕墙平面外变形较无挂钩模型MLZ-3大幅度减小。

（3）模型MLZ-5与模型MLZ-3相比：考虑了玻璃对立柱型材的约束，正风作用下的幕墙平面内和幕墙平面外变形相差不大，这是因为无挂钩的约束，使得型材无玻璃一侧开口变形较大，但由于玻璃对受压侧型材的约束作用使得屈曲特征值显著增大；负风作用下，无玻璃一侧公母立柱相互靠拢在一起，有玻璃一侧存在水平位移约束，故其类似于闭口截面形式的受力特性，变形显著减小。

（4）模型MLZ-6与模型MLZ-4相比：在均有挂钩的情况下，正风时考虑玻璃的约束作用对变形几乎无影响，但有助于提高其特征值；负风时，玻璃的约束作用显著减小了幕墙平面内和幕墙平面外变形。

（5）模型MLZ-6与模型MLZ-5相比：均考虑了玻璃的约束作用，负风作用时挂钩存在与否对其变形和特征值几乎没有影响；正风作用时，由于挂钩的存在使得幕墙平面内和幕墙平面外的变形均大幅度降低，特征值稍有提高。

6.2 单根立柱有限元分析

本书5.2节介绍了6组单根立柱在不同工况下的荷载试验,分别考虑了不带挂钩、一组挂钩、两组挂钩和正风、负风等因素的影响。本节对各工况进行有限元数值模拟。

6.2.1 模型建立

本节采用Abaqus对各工况进行有限元数值模拟,按照实际模型在AutoCAD中建模,并导入到Abaqus中,施加相应的荷载和边界条件。有限元分析模型见图6-7。

图 6-7 有限元分析模型

边界条件和加载情况均按照试验具体情况确定。

6.2.2 分析结果

6.2.2.1 模型 SC-0-1

模型SC-0-1为无挂钩正风作用下工况,其分析结果见图6-8。

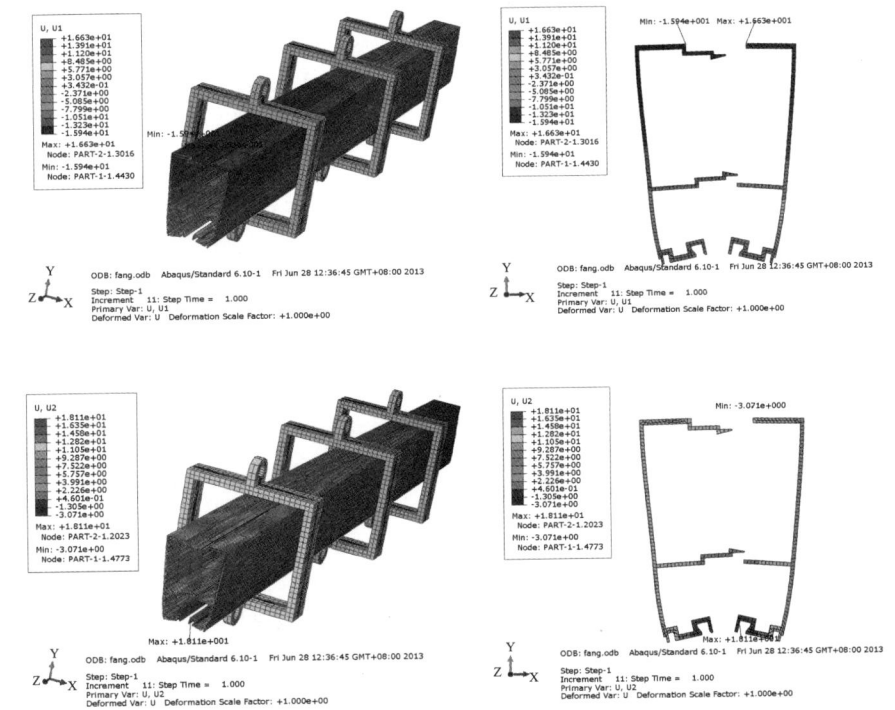

图 6-8 分析结果

由图 6-8 可知：公立柱平面内最大变形（X方向）为 15.94mm，母立柱平面内最大变形（X方向）为 16.63mm；平面外最大变形（Y方向）为 18.11mm。

6.2.2.2 模型 SC-0-2、SC-1-2、SC-2-2

模型 SC-0-2、SC-1-2、SC-2-2 分别为无挂钩、一组挂钩、两组挂钩负风作用下对应工况，由 5-2 节试验结果可知负风作用下其结果几乎完全相同，故将三种工况进行合并分析，其分析结果见图 6-9。

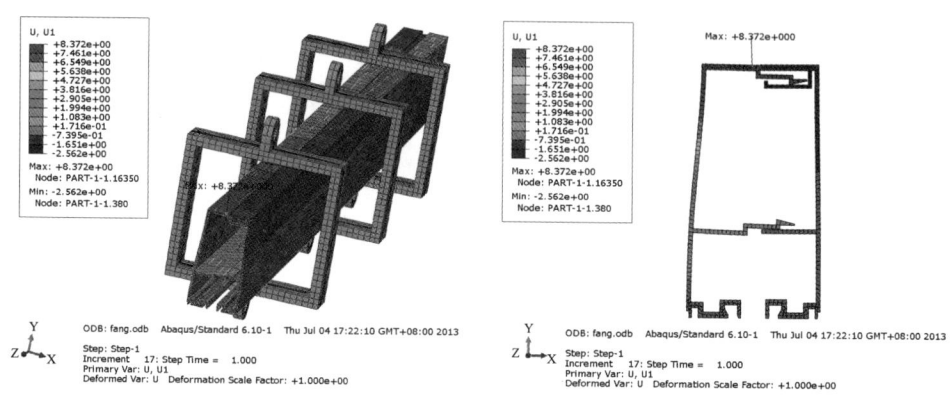

(a) 平面内变形（X方向）

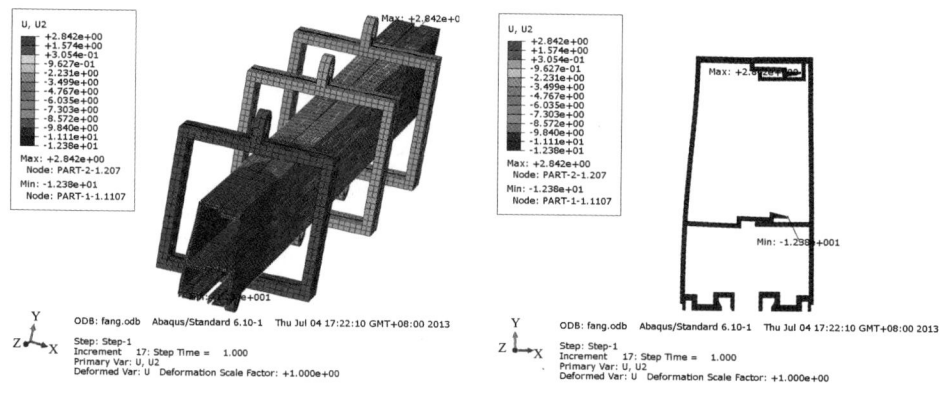

(b) 平面外变形（Y方向）

图 6-9 分析结果

由图 6-9 可知：公立柱平面内最终变形（X方向）为 8.37mm，母立柱平面内最大变形（X方向）为 2.56mm，母立柱跨中位置最终变形为 1.65mm，加载过程中母立柱跨中位置最大变形为 4.32mm；平面外最大变形（Y方向）为 12.38mm，跨中位置截面顶部最终位移为 10.77mm，底部为 10.35mm。

6.2.2.3 模型 SC-1-1

模型 SC-1-1 为一组挂钩正风作用下工况，其分析结果见图 6-10。

由图 6-10 可知：公立柱平面内最终变形（X方向）为 6.01mm，公立柱跨中位置最终变形为 5.7mm，母立柱平面内最大变形（X方向）为 4.51mm，母立柱跨中位置最终变形为 3.14mm；平面外最大变形（Y方向）为 15.72mm。

6 开口截面立柱有限元数值模拟

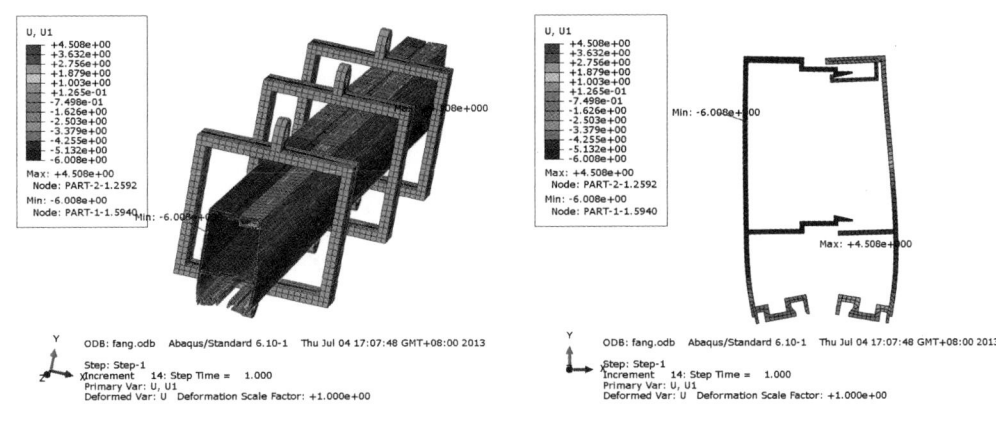

(a) 平面内变形（X方向）

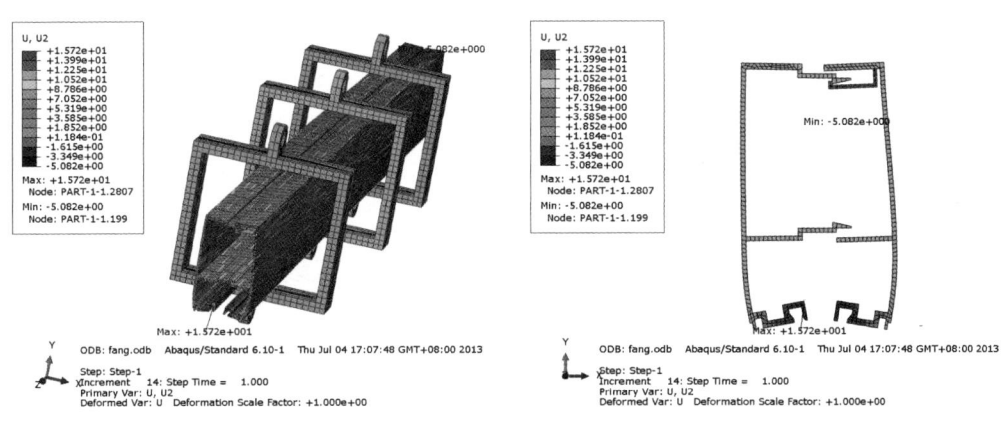

(b) 平面外变形（Y方向）

图 6-10　分析结果

6.2.2.4　模型 SC-2-1

模型 SC-2-1 为一组挂钩正风作用下工况，其分析结果见图 6-11。

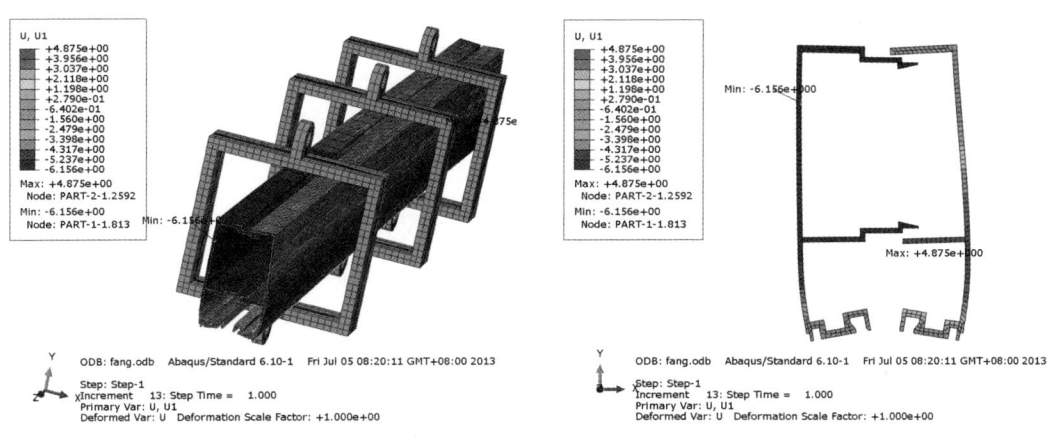

(a) 平面内变形（X方向）

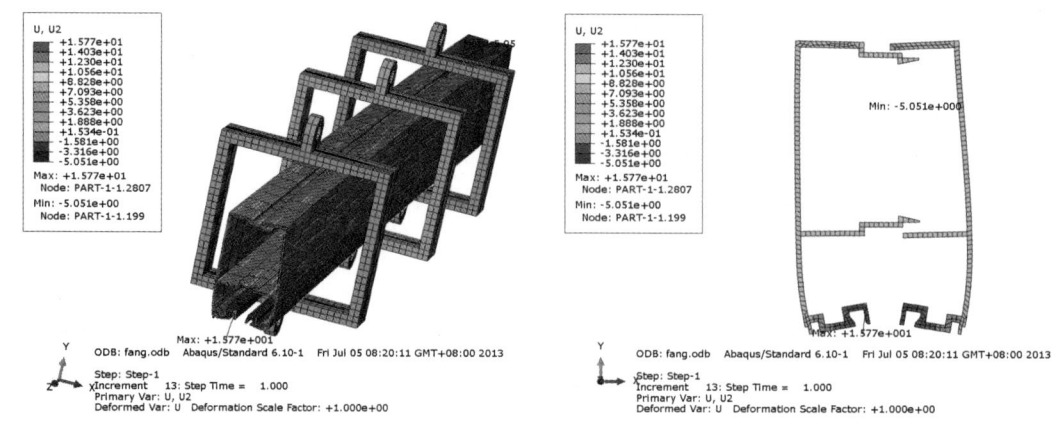

(b) 平面外变形（Y方向）

图 6-11 分析结果

由图 6-11 可知：公立柱平面内最终变形（X 方向）为 6.16mm，公立柱跨中位置最终变形为 5.93mm，母立柱平面内最大变形（X 方向）为 4.88mm，母立柱跨中位置最终变形为 2.64mm；平面外最大变形（Y 方向）为 15.77mm。

6.2.2.5 结果对比

单根立柱试验的有限元分析结果和试验结果对比结果见表 6-9。

表 6-9 单根立柱试验有限元分析结果和试验结果对比

组合类型	试验结果				有限元分析结果		
	平面外变形/mm		平面内变形/mm		平面外变形/mm	平面内变形/mm	
	公立柱	母立柱	公立柱	母立柱		公立柱	母立柱
SC-0-1	12.85	13.44	17.84	16.97	18.11	15.94	16.63
SC-0-2、SC-1-2、SC-2-2	10.33	10.64	3.61	3.98	12.38	8.37	2.56
SC-1-1	11.09	11.97	3.45	−2.59	15.72	6.01	4.51
SC-2-1	10.1	11.75	3.33	−1.73	15.77	6.16	4.88

由表 6-9 可知：有限元分析结果与试验结果相差较小，说明模拟过程中模型设置较为合理，可推广应用。

6.3 单元体加压腔有限元分析

6.3.1 模型建立

本节采用 Abaqus 对各工况进行有限元数值模拟，按照实际模型在 AutoCAD 中建模，并导入到 Abaqus 中，施加相应的荷载和边界条件。有限元分析模型见图 6-12。边界条件和加载情况均按照试验具体情况确定。

6 开口截面立柱有限元数值模拟

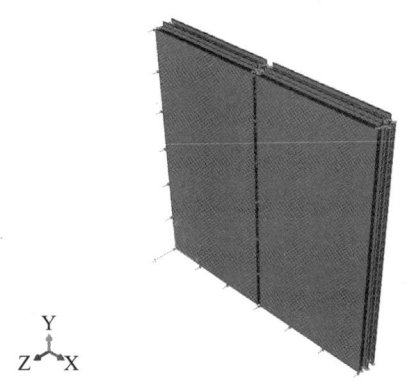

图 6-12 有限元分析模型

6.3.2 分析结果

6.3.2.1 单元体 UN-0-1

模型 UN-0-1 为无挂钩正风作用下工况，其分析结果见图 6-13。

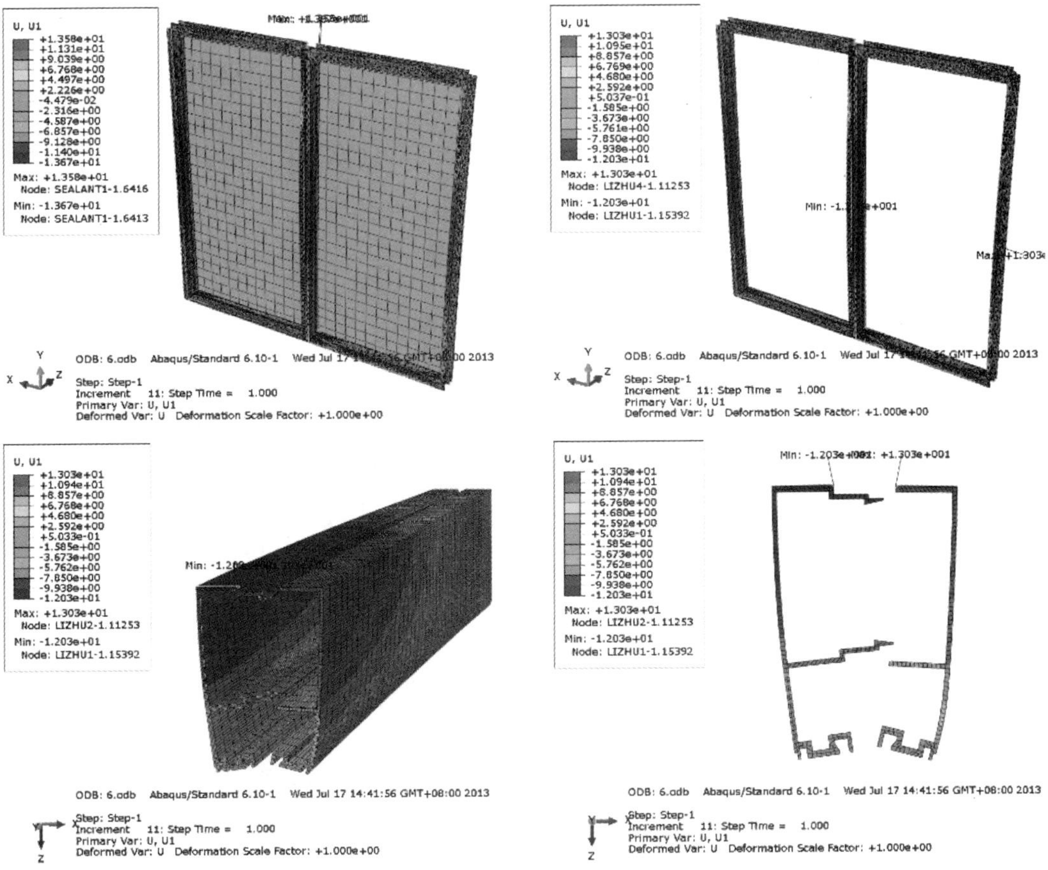

(a) 平面内变形（X 方向）

101

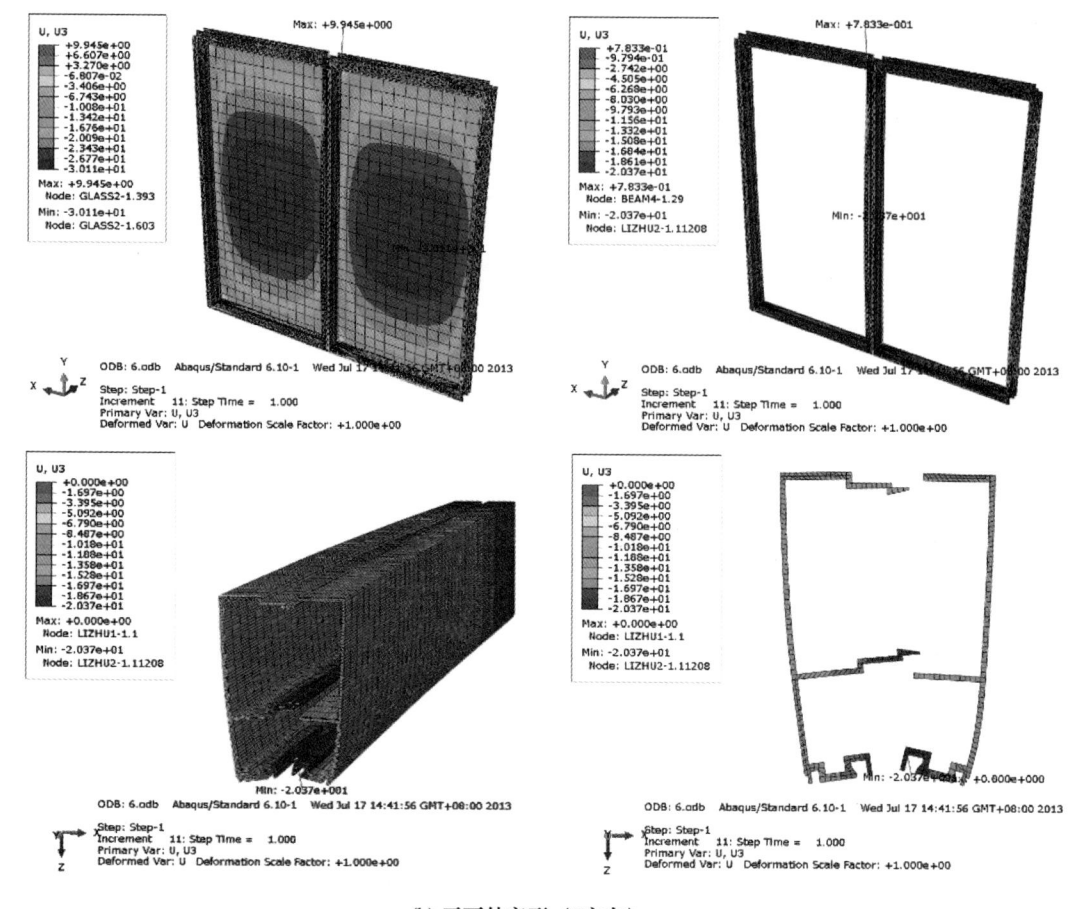

(b) 平面外变形（Z方向）

图 6-13 分析结果

由图 6-13 可知：公立柱平面内最终变形（X 方向）为 12.03mm，母立柱平面内最大变形（X 方向）为 13.03mm；平面外最大变形（Z 方向）为 20.37mm，跨中位置截面顶部最终位移为 20.36mm，底部为 13.61mm。

6.3.2.2 模型 UN-0-2、UN-1-2、UN-2-2

模型 UN-0-2、UN-1-2、UN-2-2 分别为无挂钩、一组挂钩、两组挂钩负风作用下工况，由 5.3 节试验结果可知负风作用下其结果几乎完全相同，故将三种工况进行合并分析，其分析结果见图 6-14。

由图 6-14 可知：公立柱平面内最大变形（X 方向）为 7.63mm，母立柱平面内最大变形（X 方向）为 5.67mm；平面外最大变形（Z 方向）为 20.53mm。

6.3.2.3 模型 UN-1-1

模型 UN-1-1 为一组挂钩正风作用下工况，其分析结果见图 6-15。

由图 6-15 可知：公立柱平面内最终变形（X 方向）为 －6.76mm，公立柱跨中位置截面顶部最终变形为 －5.88mm，母立柱平面内最大变形（X 方向）为 5.28mm，母立柱跨中位置截面最终变形为 －2.68mm，加载过程中母立柱跨中位置最大变形为

1.51mm；平面外最大变形（Z方向）为-19.3mm，跨中位置截面顶部最终位移为-19.3mm，底部最终位移为-12.41mm。

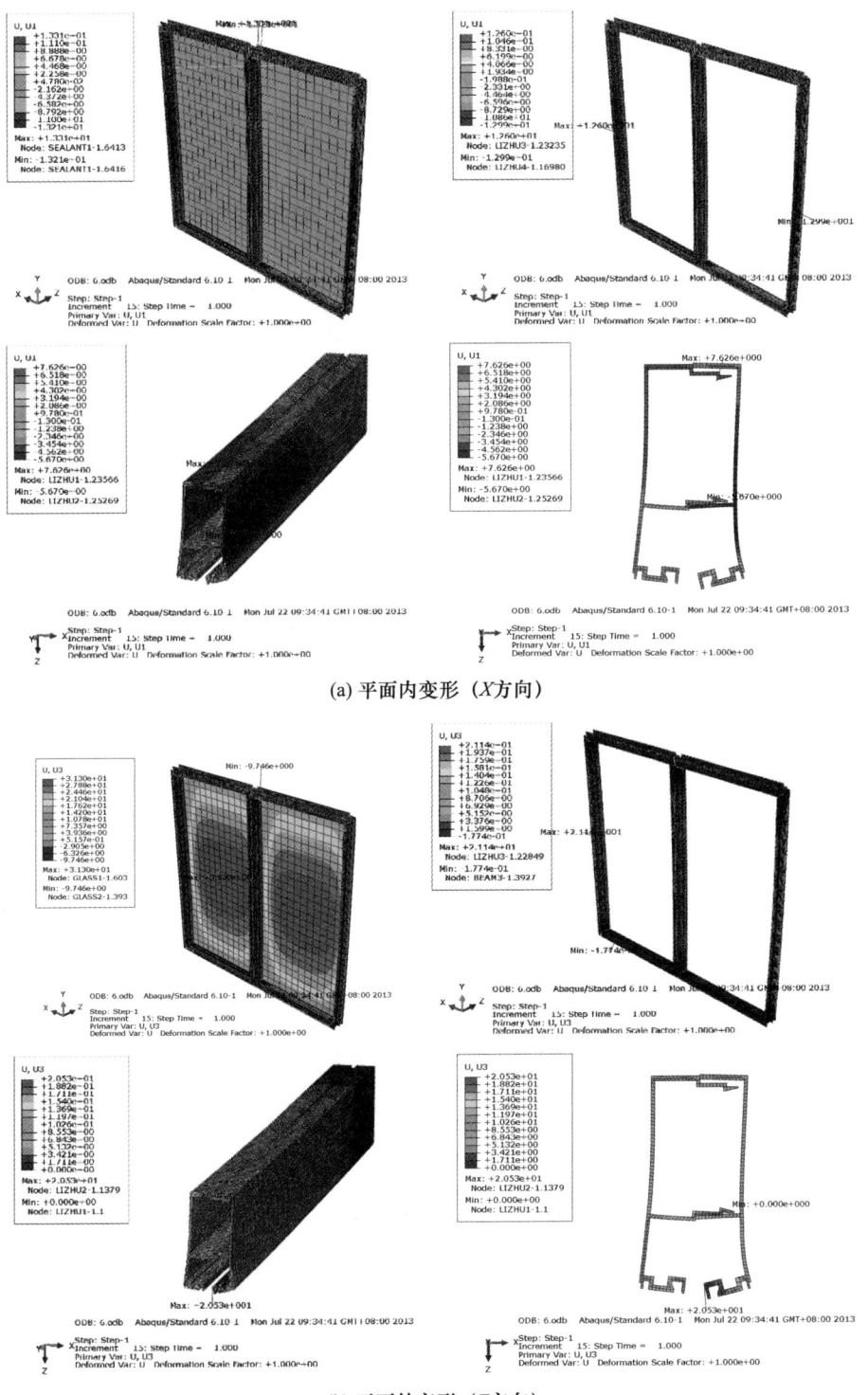

(a) 平面内变形（X方向）

(b) 平面外变形（Z方向）

图 6-14　分析结果

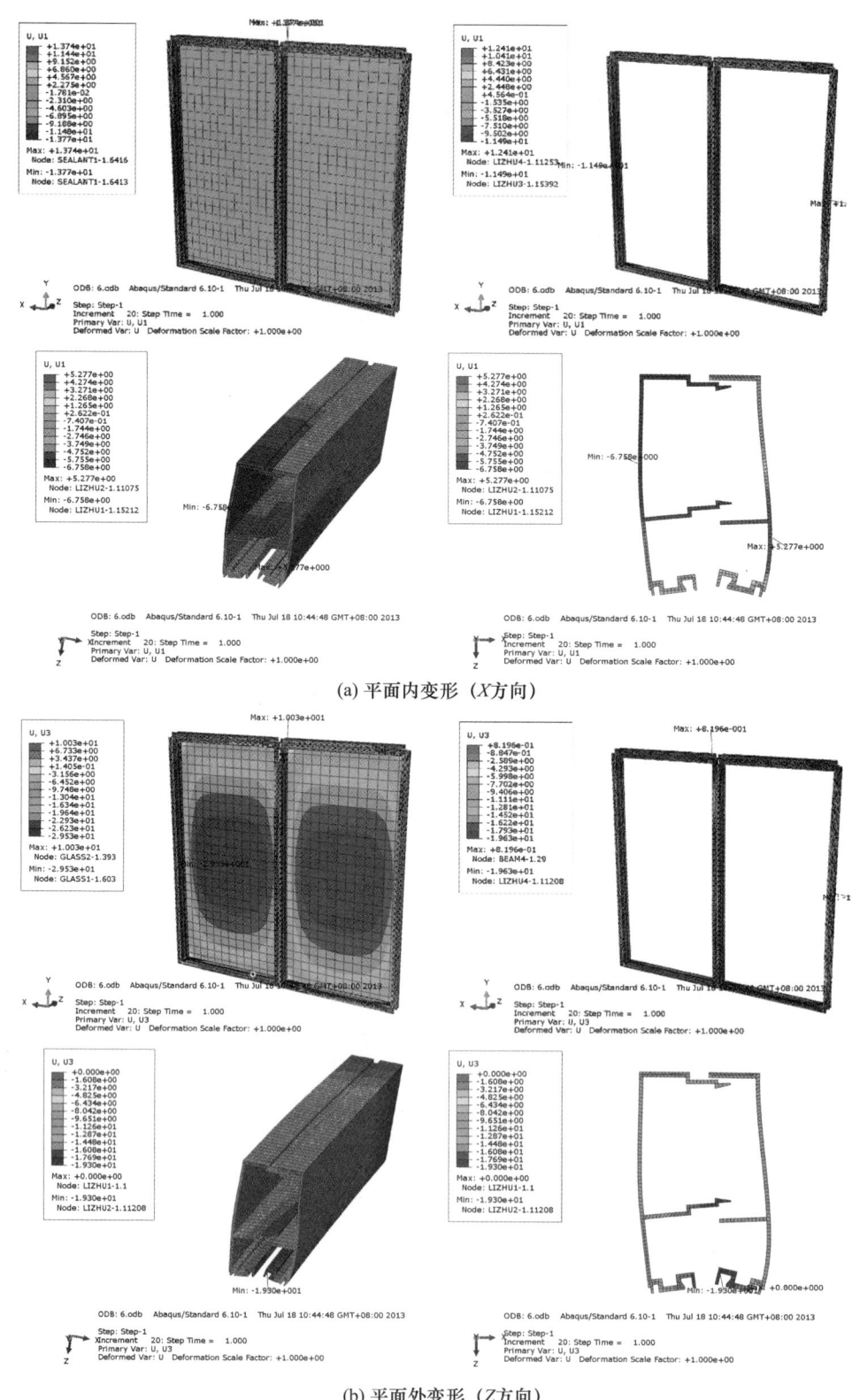

(a) 平面内变形（X方向）

(b) 平面外变形（Z方向）

图 6-15　分析结果

6.3.2.4 模型 UN-2-1

模型 UN-2-1 为两组挂钩正风作用下工况，其分析结果见图 6-16。

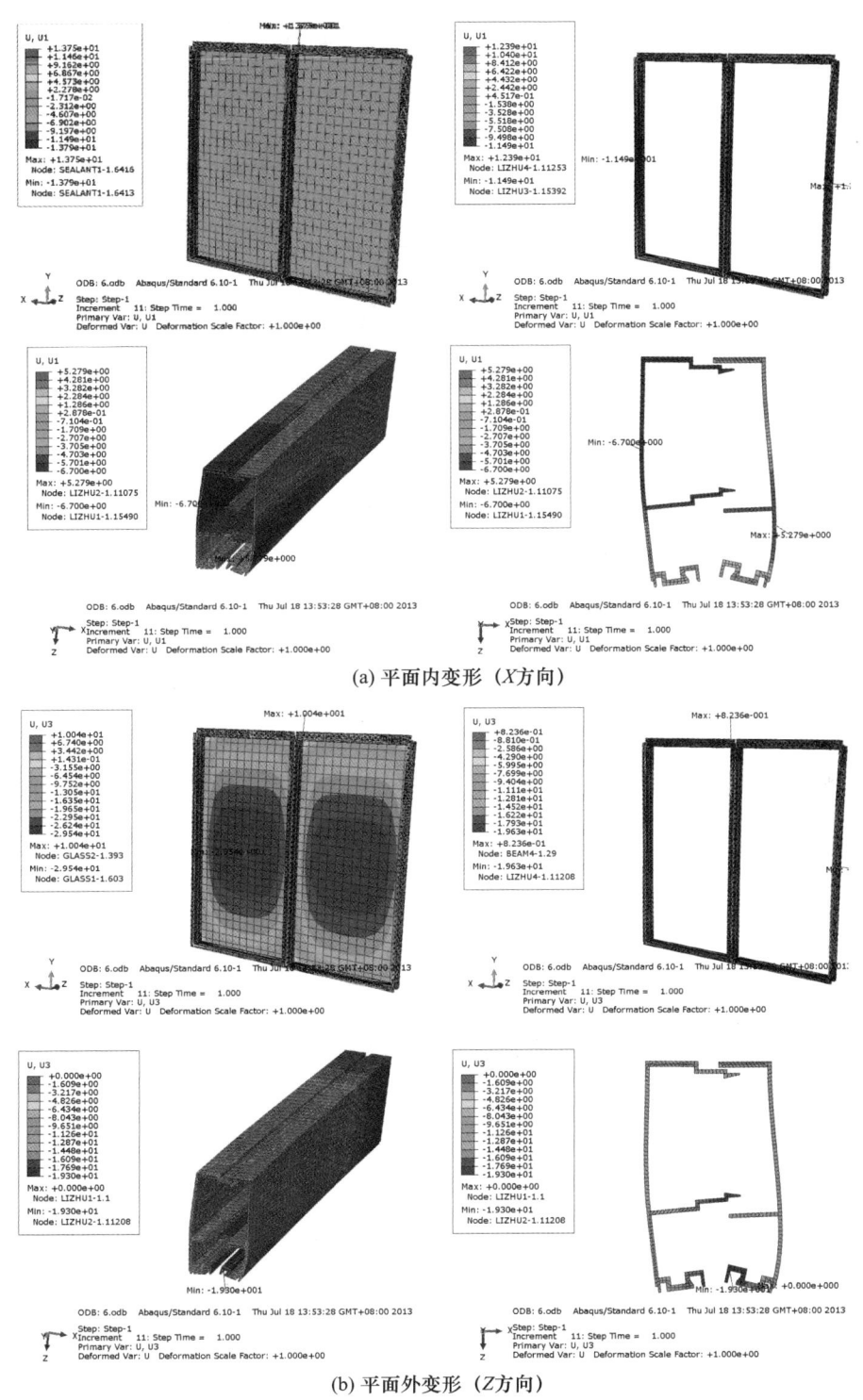

(a) 平面内变形（X方向）

(b) 平面外变形（Z方向）

图 6-16 分析结果

由图 6-16 可知：公立柱平面内最终变形（X 方向）为 -6.7mm，公立柱跨中位置截面顶部最终变形为 -5.77mm，母立柱平面内最大变形（X 方向）为 5.28mm，母立柱跨中位置截面最终变形为 -1.93mm，加载过程中母立柱跨中位置最大变形为 1.75mm；平面外最大变形（Z 方向）为 -19.3mm，跨中位置截面顶部最终位移为 -19.3mm，底部最终位移为 -12.42mm。

6.3.2.5 结果对比

单元体加压腔试验的单根立柱有限元分析结果和试验结果对比结果见表 6-10。

表 6-10 单根立柱试验有限元分析结果和试验结果对比

组合类型	试验结果				有限元分析结果		
	平面外变形/mm		平面内变形/mm		平面外变形/mm	平面内变形/mm	
	公立柱	母立柱	公立柱	母立柱		公立柱	母立柱
UN-0-1	19.35	20.44	9.51	5.64	20.37	12.03	13.03
UN-0-2、UN-1-2、UN-2-2	23.96	24.23	4.35	3.53	20.53	7.63	5.67
UN-1-1	18.31	20.44	3.19	-0.68	19.3	6.76	5.28
UN-2-1	18.27	19.15	3.85	1.03	19.3	6.7	5.28

由表 6-10 可知：有限元分析结果与试验结果相差较小，说明分析过程中模型设置较为合理，可推广应用。

6.4 小　　结

通过对单根立柱和单元体整体模型进行有限元数值模拟，有限元分析结果和试验结果符合较好，说明有限元模型和边界条件设置较为合理，可较好地模拟实际情况，可在工程中推广应用。

7 开口截面立柱承载力计算方法研究

通过对单根开口截面铝合金立柱和单元体开口截面铝合金立柱进行试验研究，并根据《铝合金结构设计规范》(GB 50429—2007)对构件进行计算分析，以获得准确的计算方法，使其在保证结构安全可靠的基础上可较好地提高开口截面型材的强度利用率，更好地发挥其结构性能。

在结构分析中，单元体的公母立柱同时承担风荷载；计算模型为简支梁，单元体中横梁假定为侧向支撑且不传递弯矩；计算中不考虑玻璃提供的平面外刚度。

在计算分析过程中，对立柱进行局部稳定和整体稳定的校核。由于横向荷载的作用线不通过立柱的剪心，因此侧向扭转无法避免。同时由于是开口截面，当荷载增大到一定程度时，会产生扭转失稳，整个立柱开口截面会在横向荷载作用下同时承受扭矩和弯矩。本章分别应用中国规范《铝合金结构设计规范》(GB 50429—2007)[71]、英国规范《Structural use of aluminium》(BS8118：Part1：1991)[72]和美国规范《Aluminum design manual》[73]对单元体立柱进行计算。

7.1 中英美规范计算方法对比

7.1.1 中国规范

针对试验采用的型材进行计算，公、母立柱截面尺寸见图 5-3。单元体宽度 $d=1365$mm，长度 $l=2730$mm。立柱截面参数见表 7-1。

表 7-1 公、母立柱截面参数

参数	公立柱	母立柱
面积/mm²	$A_m=916$	$A_f=792$
绕强轴惯性矩/mm⁴	$I_m=2756382$	$I_f=2415114$
绕弱轴惯性矩/mm⁴	$I'_m=275860$	$I'_f=94781$
弹性抵抗矩/mm³	$Z_{em}=35429$	$Z_{ef}=29203$
塑性抵抗矩/mm³	$S'_{em}=46906$	$S'_{ef}=39466$
扭转常数/mm⁴	$J_m=2558$	$J_f=2293$

公、母立柱上施加线荷载为 $q=3.375$kN/m；参考《铝合金结构设计规范》(GB 50429—2009)（以下简称《规范》），铝合金型材设计强度为 $f=150$MPa；根据《规范》，公立柱考虑折减的截面抵抗矩 $W_{em}=32844$mm³，母立柱考虑折减的截面抵抗矩 $W_{ef}=25939$mm³。依据《规范》附录 C 计算整体稳定系数，采用有限元软件 Workbench 分别计算公、母立柱的一阶屈曲因子，并求出各自临界稳定弯矩，其一阶屈曲模态见图 7-1。

由图 7-1 可知，公、母立柱的一阶屈曲因子分别为 0.393 和 0.232。

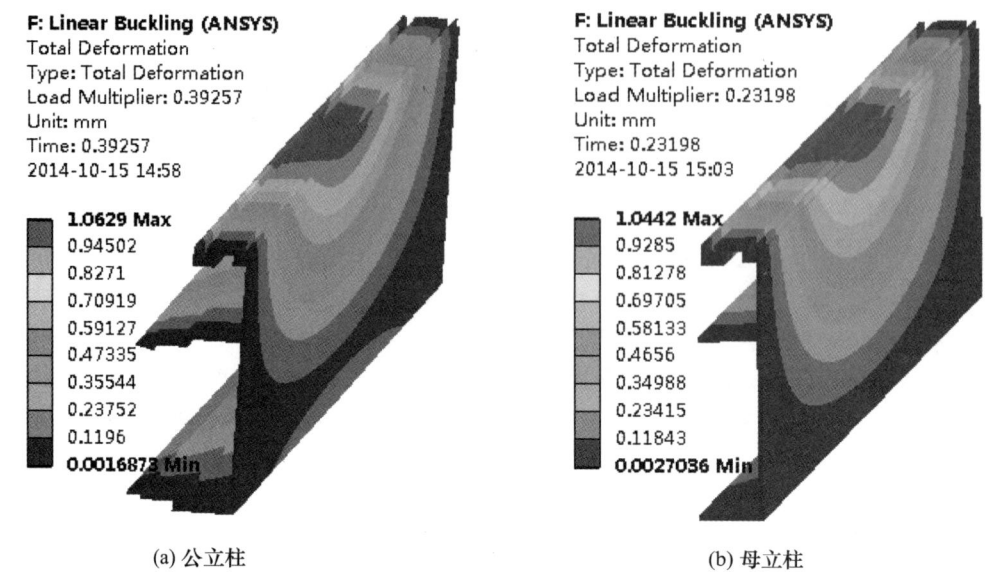

(a) 公立柱　　　　　　　　　　　　(b) 母立柱

图 7-1　一阶屈曲模态

同时考虑局部稳定和整体稳定的计算过程和计算结果见表 7-2。

表 7-2　考虑局部稳定和整体稳定的计算过程和结果

参数	公立柱	母立柱
一阶屈曲因子	$\beta_m = 0.393$	$\beta_f = 0.232$
临界屈曲弯矩	$M_{cr\_m} = \dfrac{ql^2}{8}\beta_m = 1.21 \text{kN} \cdot \text{m}$	$M_{cr\_f} = \dfrac{ql^2}{8}\beta_f = 0.72 \text{kN} \cdot \text{m}$
弯扭稳定相对长细比	$\lambda_m = \sqrt{\dfrac{W_{em}f}{M_{cr\_m}}} = 2.02$	$\lambda_f = \sqrt{\dfrac{W_{ef}f}{M_{cr\_f}}} = 2.33$
弯扭稳定相对长细比	$\lambda = 1/\left(\dfrac{1}{\lambda_m} + \dfrac{1}{\lambda_f}\right) = 1.08$	
整体稳定系数	$\varphi_b = 0.64$	
整体稳定抗弯承载力	$M_{rx\_m} = \varphi_b W_{em} f = 3.15 \text{kN} \cdot \text{m}$	$M_{rx\_f} = \varphi_b W_{ef} f = 2.49 \text{kN} \cdot \text{m}$
计算系数	$C_{bm} = \dfrac{I_m + I_f}{I_m} = 1.88$	$C_{bf} = \dfrac{I_m + I_f}{I_f} = 2.14$
极限弯矩	$M_a = \min(C_{bm} M_{rx\_m},\ C_{bf} M_{rx\_f}) = 5.33 \text{kN} \cdot \text{m}$	
材料系数	$\gamma_m = 1.3$	
极限线荷载	$q_a = \dfrac{8M_a}{l^2} = 5.72 \text{kN/m}$	
极限风压	$W_a = \dfrac{\gamma_m q_a}{d} = 5.45 \text{kPa}$	

只考虑局部稳定，不考虑整体稳定，由弹性抵抗矩按照纯强度进行承载力计算，计算过程和计算结果见表 7-3。

表 7-3 只考虑局部稳定，不考虑整体稳定的计算过程和结果

参数	公立柱	母立柱
强度承载力	$M_{rx\_m}=W_{em}f=4.92\text{kN}\cdot\text{m}$	$M_{rx\_f}=W_{ef}f=3.89\text{kN}\cdot\text{m}$
极限弯矩	$M_a=\min(C_{bm}M_{rx\_m}, C_{bf}M_{rx\_f})=8.32\text{kN}\cdot\text{m}$	
极限线荷载	$q_a=\dfrac{8M_a}{l^2}=9.13\text{kN/m}$	
极限风压	$W_a=\dfrac{\gamma_m q_a}{d}=8.7\text{kPa}$	

整体稳定和局部稳定均不考虑，由弹性抵抗矩按照纯强度进行承载力计算，计算过程和计算结果见表 7-4。

表 7-4 不考虑整体稳定和局部稳定的计算过程和结果

参数	公立柱	母立柱
强度承载力	$M_{rx\_m}=Z_{em}f=5.31\text{kN}\cdot\text{m}$	$M_{rx\_f}=Z_{ef}f=4.38\text{kN}\cdot\text{m}$
极限弯矩	$M_a=\min(C_{bm}M_{rx\_m}, C_{bf}M_{rx\_f})=9.37\text{kN}\cdot\text{m}$	
极限线荷载	$q_a=\dfrac{8M_a}{l^2}=10.06\text{kN/m}$	
极限风压	$W_a=\dfrac{\gamma_m q_a}{d}=9.58\text{kPa}$	

由表 7-2～表 7-4 可知：考虑局部稳定和整体稳定所得构件承载能力为 5.45kPa；只考虑局部稳定、不考虑整体稳定所得构件承载能力为 8.7kPa；不考虑整体稳定和局部稳定所得构件承载能力为 9.58kPa。

7.1.2 英国规范

参考英国标准《Structural use of aluminium》，铝合金型材设计强度为 $p_0=160\text{MPa}$。同时考虑局部稳定和整体稳定的计算过程和计算结果见表 7-5。

表 7-5 考虑局部稳定和整体稳定的计算过程和结果

参数	公立柱	母立柱
截面类型	semi-compact（半紧凑型）	slender（细长型）
材料系数	$\gamma_m=1.2$	
截面折减系数	……	$k_f=0.97$
强度承载力	$M_{rsx\_m}=p_0\dfrac{Z_{em}}{\gamma_m}=4.72\text{kN}\cdot\text{m}$	$M_{rsx\_f}=p_0\dfrac{k_f Z_{ef}}{\gamma_m}=3.79\text{kN}\cdot\text{m}$
屈曲强度	$p_{1\_m}=\gamma_m\dfrac{M_{rsx\_m}}{S_{em}}=120.75\text{MPa}$	$p_{1\_f}=\gamma_m\dfrac{M_{rsx\_f}}{S_{ef}}=115.24\text{MPa}$
绕弱轴回转半径	$r_m=17.34\text{mm}$	$r_f=10.96\text{mm}$
长细比	$\lambda_m=\lambda_f=l/(r_m+r_f)=95.41$	

续表

参数	公立柱	母立柱
弯扭稳定相对长细比	$\lambda_{m1}=\dfrac{\lambda_m}{\pi}\left(\dfrac{p_{1\_m}}{E}\right)^{\frac{1}{2}}=1.26$	$\lambda_{f1}=\dfrac{\lambda_f}{\pi}\left(\dfrac{p_{1\_f}}{E}\right)^{\frac{1}{2}}=1.23$
整体稳定系数	$\varphi_m=\dfrac{1}{2}\left(1+\dfrac{0.1}{\lambda_{m1}}+\dfrac{0.1\times0.6}{\lambda_{m1}^2}\right)^{\frac{1}{2}}=0.83$	$\varphi_f=\dfrac{1}{2}\left(1+\dfrac{0.1}{\lambda_{f1}}+\dfrac{0.1\times0.6}{\lambda_{f1}^2}\right)^{\frac{1}{2}}=0.85$
折减系数	$N_m=\varphi_m\left[1-\left(1-\dfrac{1}{\lambda_{m1}^2\varphi_m^2}\right)^{\frac{1}{2}}\right]=0.57$	$N_f=\varphi_f\left[1-\left(1-\dfrac{1}{\lambda_{f1}^2\varphi_f^2}\right)^{\frac{1}{2}}\right]=0.6$
整体稳定强度	$p_{s\_m}=N_m p_{1\_m}=68.83\text{MPa}$	$p_{s\_f}=N_f p_{1\_f}=69.14\text{MPa}$
整体稳定抗弯承载力	$M_{rx\_m}=p_{s\_m}\dfrac{S_{em}}{\gamma_m}=2.69\text{kN}\cdot\text{m}$	$M_{rx\_f}=p_{s\_f}\dfrac{S_{ef}}{\gamma_f}=2.27\text{kN}\cdot\text{m}$
计算系数	$C_{bm}=\dfrac{I_m+I_f}{I_m}=1.88$	$C_{bf}=\dfrac{I_m+I_f}{I_f}=2.14$
极限弯矩	$M_a=\min(C_{bm}M_{rx\_m},\ C_{bf}M_{rx\_f})=4.86\text{kN}\cdot\text{m}$	
极限线荷载	$q_a=\dfrac{8M_a}{l^2}=5.22\text{kN/m}$	
极限风压	$W_a=\dfrac{\gamma_m q_a}{d}=4.59\text{kPa}$	

只考虑局部稳定，不考虑整体稳定，由弹性抵抗矩按照纯强度进行承载力计算，计算过程和计算结果见表 7-6。

表 7-6 只考虑局部稳定，不考虑整体稳定的计算过程和结果

参数	公立柱	母立柱
强度承载力	$M_{rsx\_m}=p_0\dfrac{Z_{em}}{\gamma_m}=4.72\text{kN}\cdot\text{m}$	$M_{rsx\_f}=p_0\dfrac{k_f Z_{ef}}{\gamma_f}=3.79\text{kN}\cdot\text{m}$
极限弯矩	$M_a=\min(C_{bm}M_{rsx\_m},\ C_{bf}M_{rsx\_f})=8.11\text{kN}\cdot\text{m}$	
极限线荷载	$q_a=\dfrac{8M_a}{l^2}=8.71\text{kN/m}$	
极限风压	$W_a=\dfrac{\gamma_m q_a}{d}=7.66\text{kPa}$	

整体稳定和局部稳定均不考虑，由弹性抵抗矩按照纯强度进行承载力计算，计算过程和计算结果见表 7-7。

表 7-7 不考虑整体稳定和局部稳定的计算过程和结果

参数	公立柱	母立柱
强度承载力	$M_{rsx\_m}=p_0 Z_{em}=5.66\text{kN}\cdot\text{m}$	$M_{rsx\_f}=p_0 Z_{ef}=4.67\text{kN}\cdot\text{m}$
极限弯矩	$M_a=\min(C_{bm}M_{rsx\_m},\ C_{bf}M_{rsx\_f})=9.99\text{kN}\cdot\text{m}$	
极限线荷载	$q_a=\dfrac{8M_a}{l^2}=10.72\text{kN/m}$	
极限风压	$W_a=\dfrac{\gamma_m q_a}{d}=9.42\text{kPa}$	

由表 7-5～表 7-7 可知：考虑局部稳定和整体稳定所得构件承载能力为 4.59kPa；只考虑局部稳定、不考虑整体稳定所得构件承载能力为 7.66kPa；不考虑整体稳定和局部稳定所得构件承载能力为 9.42kPa。

7.1.3 美国规范

参考美国标准《Aluminum design manual》，铝合金型材设计强度为 $F_{cy}=170$MPa。同时考虑局部稳定和整体稳定的计算过程和计算结果见表 7-8。

表 7-8 考虑局部稳定和整体稳定的计算过程和结果

参数	公立柱	母立柱
材料系数	$\gamma_m=1.65$	
非均匀受弯修正因子	$C_b=1.13$	
单元 A 名义抗弯强度	$F_{c\_ma}=214.02$MPa	$F_{c\_fa}=209.92$MPa
单元 B 名义抗弯强度	$F_{b\_mb}=146.1$MPa	$F_{b\_fb}=153.31$MPa
临界屈曲弯矩	$M_{cr\_m}=\frac{\pi}{l}\sqrt{EI'_m GJ_m}=1.32$kN·m	$M_{cr\_f}=\frac{\pi}{l}\sqrt{EI'_f GJ_f}=0.74$kN·m
绕弱轴回转半径	$r_m=\frac{l}{1.2\pi}\sqrt{\frac{M_{cr\_m}}{EZ_{em}}}=16.71$mm	$r_f=\frac{l}{1.2\pi}\sqrt{\frac{M_{cr\_f}}{EZ_{ef}}}=13.78$mm
等效长细比	$\lambda_m=\lambda_f=\frac{l}{(r_m+r_f)\sqrt{C_b}}=84.23$	
整体稳定抗弯强度	$F_{b\_m}=119.48$MPa	$F_{b\_f}=119.48$MPa
抗弯强度	$F_{cm}=\min(F_{c\_ma}, F_{b\_mb}, F_{b\_m})$ $=119.48$MPa	$F_{cf}=\min(F_{c\_fa}, F_{b\_fb}, F_{b\_f})$ $=119.48$MPa
整体稳定抗弯承载力	$M_{rx\_m}=\frac{F_{cm}Z_{em}}{\gamma_m}=2.57$kN·m	$M_{rx\_f}=\frac{F_{cf}Z_{ef}}{\gamma_m}=2.11$kN·m
计算系数	$C_{bm}=\frac{I_m+I_f}{I_m}=1.88$	$C_{bf}=\frac{I_m+I_f}{I_f}=2.14$
极限弯矩	$M_a=\min(C_{bm}M_{rx\_m}, C_{bf}M_{rx\_f})=4.51$kN·m	
极限线荷载	$q_a=\frac{8M_a}{l^2}=4.84$kN/m	
极限风压	$W_a=\frac{\gamma_m q_a}{d}=5.85$kPa	

只考虑局部稳定，不考虑整体稳定，由弹性抵抗矩按照纯强度进行承载力计算，计算过程和计算结果见表 7-9。

表 7-9 只考虑局部稳定，不考虑整体稳定的计算过程和结果

参数	公立柱	母立柱
抗弯强度	$F_{cm}=\min(F_{c\_ma}, F_{b\_mb})=146.1$MPa	$F_{cf}=\min(F_{c\_fa}, F_{b\_fb})=153.31$MPa
强度承载力	$M_{rsx\_m}=\frac{F_{cm}Z_{em}}{\gamma_m}=3.14$kN·m	$M_{rsx\_f}=\frac{F_{cf}Z_{ef}}{\gamma_m}=2.71$kN·m

续表

参数	公立柱	母立柱
极限弯矩	$M_\mathrm{a}=\min(C_\mathrm{bm}M_\mathrm{rsx\_m},C_\mathrm{bf}M_\mathrm{rsx\_f})=5.8\mathrm{kN\cdot m}$	
极限线荷载	$q_\mathrm{a}=\dfrac{8M_\mathrm{a}}{l^2}=6.23\mathrm{kN/m}$	
极限风压	$W_\mathrm{a}=\dfrac{\gamma_\mathrm{m}q_\mathrm{a}}{d}=7.53\mathrm{kPa}$	

整体稳定和局部稳定均不考虑，由弹性抵抗矩按照纯强度进行承载力计算，计算过程和计算结果见表 7-10。

表 7-10　不考虑整体稳定和局部稳定的计算过程和结果

参数	公立柱	母立柱
强度承载力	$M_\mathrm{rsx\_m}=\dfrac{F_\mathrm{cy}Z_\mathrm{em}}{\gamma_\mathrm{m}}=3.65\mathrm{kN\cdot m}$	$M_\mathrm{rsx\_f}=\dfrac{F_\mathrm{cf}Z_\mathrm{ef}}{\gamma_\mathrm{m}}=3.01\mathrm{kN\cdot m}$
极限弯矩	$M_\mathrm{a}=\min(C_\mathrm{bm}M_\mathrm{rsx\_m},C_\mathrm{bf}M_\mathrm{rsx\_f})=6.44\mathrm{kN\cdot m}$	
极限线荷载	$q_\mathrm{a}=\dfrac{8M_\mathrm{a}}{l^2}=6.91\mathrm{kN/m}$	
极限风压	$W_\mathrm{a}=\dfrac{\gamma_\mathrm{m}q_\mathrm{a}}{d}=8.35\mathrm{kPa}$	

由表 7-8～表 7-10 可知：考虑局部稳定和整体稳定所得构件承载能力为 5.85kPa；只考虑局部稳定，不考虑整体稳定所得构件承载能力为 7.53kPa；不考虑整体稳定和局部稳定所得构件承载能力为 8.35kPa。

将以上计算结果进行汇总（表 7-11）。对比试验结果和规范计算结果可知：以往采用各国规范计算的开口截面型材的弹性失稳弯矩承载力过于保守。虽通过把公、母立柱的回转半径相加来考虑相互作用的影响，但从试验结果来看，仍远大于计算结果，试验结果远超计算临界弹性弯矩值。如果不考虑公、母立柱组合作用，即完全按照单根的开口截面立柱依据铝合金规范进行计算，则承载力将和试验数值的差距更大。这也表明单纯使用铝合金规范来计算单元体的开口截面型材存在很大的浪费，理论和实际相差较远。究其原因，公母立柱在变形时，两者之间存在不可忽视的"扶持"效应，正是这个效应使其组合在一起时，承载能力远大于分开考虑然后叠加所得结果。

表 7-11　计算结果汇总

承载能力	纯强度/kPa	局部稳定/kPa	局部稳定和整体稳定/kPa
中国规范	9.58	8.70	5.45
英国规范	9.42	7.66	4.59
美国规范	8.35	7.53	5.85

7.2　修正承载力计算方法

本节充分考虑了公母立柱之间的相互"扶持"作用，对现有计算公式进行修正，对各自的回转半径进行修正，在修正的基础上继续叠加，以更深层次考虑公母立柱协同变形、共同工作的性能。分别采用中国规范、英国规范、美国规范进行计算说明。

7.2.1 中国规范

依据《铝合金结构设计规范》（GB 50429—2008）附录 C 计算公母立柱组合后的整体稳定系数，以充分考虑公母立柱的相互"扶持"作用。采用有限元软件 Workbench 对组合立柱进行线性屈曲分析，以获取一阶屈曲因子；并分别计算公母立柱的弹性临界稳定弯矩，其正风作用下一阶屈曲模态见图 7-2，从图 7-2 中可知其整体失稳状态下一阶屈曲因子 $\lambda_{cr}=1.016$。考虑局部稳定和整体稳定，改进后的计算过程和计算结果见表 7-12。

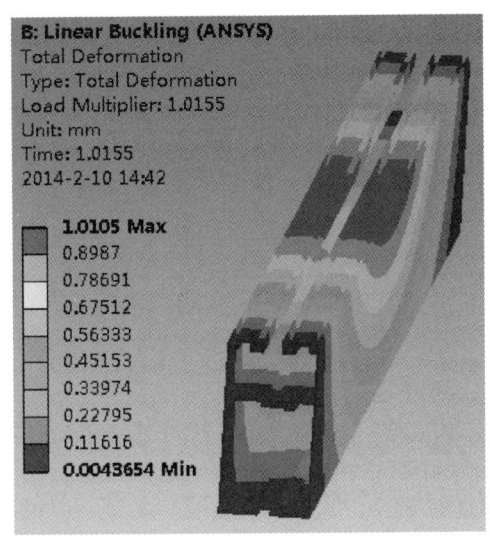

图 7-2　正风作用下一阶屈曲模态

表 7-12　修正计算过程及计算结果

参数	公立柱	母立柱
一阶屈曲因子	$\lambda_{cr}=1.016$	
临界屈曲弯矩	$M_{cr\_m}=\dfrac{\lambda_{cr}(q_m+q_f)l^2}{8}\dfrac{I_m}{I_m+I_f}=3.4\text{kN}\cdot\text{m}$	$M_{cr\_f}=\dfrac{\lambda_{cr}(q_m+q_f)l^2}{8}\dfrac{I_f}{I_m+I_f}=2.99\text{kN}\cdot\text{m}$
弯扭稳定相对长细比	$\lambda_m=\sqrt{\dfrac{W_{em}f}{M_{cr\_m}}}=1.2$	$\lambda_f=\sqrt{\dfrac{W_{ef}f}{M_{cr\_f}}}=1.14$
	$\lambda=1/\left(\dfrac{1}{\lambda_m}+\dfrac{1}{\lambda_f}\right)=0.58$	
整体稳定系数	$\varphi_b=0.94$	
整体稳定抗弯承载力	$M_{rx\_m}=\varphi_b W_{em}f=4.63\text{kN}\cdot\text{m}$	$M_{rx\_f}=\varphi_b W_{ef}f=3.66\text{kN}\cdot\text{m}$
计算系数	$C_{bm}=\dfrac{I_m+I_f}{I_m}=1.88$	$C_{bf}=\dfrac{I_m+I_f}{I_f}=2.14$
极限弯矩	$M_a=\min(C_{bm}M_{rx\_m},C_{bf}M_{rx\_f})=7.83\text{kN}\cdot\text{m}$	
材料系数	$\gamma_m=1.3$	
极限线荷载	$q_a=\dfrac{8M_a}{l^2}=8.4\text{kN/m}$	
极限风压	$W_a=\dfrac{\gamma_m q_a}{d}=8.01\text{kPa}$	

由表 7-12 可知：该计算过程充分考虑了公立柱和母立柱的相互"扶持"作用，首先求出公、母立柱组合后的共同屈曲因子，再按照公母立柱的抗弯刚度进行分配，确定公、母立柱各自的临界屈曲弯矩。按照规范求出弯扭稳定相对长细比，此时采用将公母立柱回转半径相加的方法考虑其叠加作用。采用修正后计算方法所得极限风压为 8.01kPa。

7.2.2 英国规范

参考英国铝合金结构规范，铝合金型材设计强度为 $p_0=160\text{MPa}$。同时考虑局部稳定和整体稳定，改进后的计算过程和计算结果见表 7-13。

表 7-13 修正计算过程及计算结果

参数	公立柱	母立柱
组合临界屈曲弯矩	$M_{cr}=\frac{\pi}{l}\sqrt{E(I'_m+I'_f)G(J_m+J_f)}=2.11\text{kN}\cdot\text{m}$	
弯扭稳定长细比	$\lambda'_m=\pi\sqrt{\frac{ES_{em}}{M_{cr}}}=123.93$	$\lambda'_f=\pi\sqrt{\frac{ES_{ef}}{M_{cr}}}=113.68$
组合长细比	$\lambda_m=\lambda_f=l/\left(\frac{l}{\lambda'_m}+\frac{l}{\lambda'_f}\right)=59.29$	
截面类型	semi-compact（半紧凑型）	slender（细长型）
材料系数	$\gamma_m=1.2$	
截面折减系数	……	$k_f=0.97$
强度承载力	$M_{rsx\_m}=p_0\frac{Z_{em}}{\gamma_m}=4.72\text{kN}\cdot\text{m}$	$M_{rsx\_f}=p_0\frac{k_f Z_{ef}}{\gamma_m}=3.79\text{kN}\cdot\text{m}$
屈曲强度	$p_{1\_m}=\gamma_m\frac{M_{rsx\_m}}{S_{em}}=120.75\text{MPa}$	$p_{1\_f}=\gamma_m\frac{M_{rsx\_f}}{S_{ef}}=115.24\text{MPa}$
弯扭稳定相对长细比	$\lambda_{m1}=\frac{\lambda_m}{\pi}\left(\frac{p_{1\_m}}{E}\right)^{\frac{1}{2}}=0.78$	$\lambda_{f1}=\frac{\lambda_f}{\pi}\left(\frac{p_{1\_f}}{E}\right)^{\frac{1}{2}}=0.76$
整体稳定系数	$\varphi_m=\frac{1}{2}\left(1+\frac{0.1}{\lambda_{m1}}+\frac{0.1\times0.6}{\lambda_{m1}^2}\right)^{\frac{1}{2}}=1.33$	$\varphi_f=\frac{1}{2}\left(1+\frac{0.1}{\lambda_{f1}}+\frac{0.1\times0.6}{\lambda_{f1}^2}\right)^{\frac{1}{2}}=1.37$
折减系数	$N_m=\varphi_m\left[1-\left(1-\frac{1}{\lambda_{m1}^2\varphi_m^2}\right)^{\frac{1}{2}}\right]=0.96$	$N_f=\varphi_f\left[1-\left(1-\frac{1}{\lambda_{f1}^2\varphi_f^2}\right)^{\frac{1}{2}}\right]=0.96$
整体稳定强度	$p_{s\_m}=N_m p_{1\_m}=115.92\text{MPa}$	$p_{s\_f}=N_f p_{1\_f}=110.63\text{MPa}$
整体稳定抗弯承载力	$M_{rx\_m}=p_{s\_m}\frac{S_{em}}{\gamma_m}=4.53\text{kN}\cdot\text{m}$	$M_{rx\_f}=p_{s\_f}\frac{S_{ef}}{\gamma_m}=3.64\text{kN}\cdot\text{m}$
计算系数	$C_{bm}=\frac{I_m+I_f}{I_m}=1.88$	$C_{bf}=\frac{I_m+I_f}{I_f}=2.14$
极限弯矩	$M_a=\min(C_{bm}M_{rx\_m}, C_{bf}M_{rx\_f})=7.83\text{kN}\cdot\text{m}$	
极限线荷载	$q_a=\frac{8M_a}{l^2}=8.36\text{kN/m}$	
极限风压	$W_a=\frac{\gamma_m q_a}{d}=7.35\text{kPa}$	

由表 7-13 可知：

（1）首先将公、母立柱绕弱轴的惯性矩相加，并将公、母立柱的截面扭转常数相加，以考虑公母立柱的相互作用，以此求出组合立柱的临界屈曲弯矩；

(2) 采用得到的临界屈曲弯矩求出公母立柱各自的弯扭稳定长细比,并转化为回转半径,将公母立柱的回转半径相加,之后按照英国规范进行承载力计算;

(3) 采用英国规范所得极限风压为 7.35kPa。

7.2.3 美国规范

参考美国铝合金结构规范,铝合金型材设计强度为 $Fcy=170$MPa。同时考虑局部稳定和整体稳定,改进后的计算过程和计算结果见表 7-14。

表 7-14 修正计算过程及计算结果

参数	公立柱	母立柱
材料系数	$\gamma_m=1.65$	
非均匀受弯修正因子	$C_b=1.13$	
单元 A 名义抗弯强度	$F_{c\_ma}=214.02$MPa	$F_{c\_fa}=209.92$MPa
单元 B 名义抗弯强度	$F_{b\_mb}=146.1$MPa	$F_{b\_fb}=153.31$MPa
临界屈曲弯矩	$M_{cr\_m}=\frac{\pi}{l}\sqrt{EI'_m GJ_m}=1.32$kN·m	$M_{cr\_f}=\frac{\pi}{l}\sqrt{EI'_f GJ_f}=0.74$kN·m
组合临界屈曲弯矩	$M_{cr}=\frac{\pi}{l}\sqrt{E(I'_m+I'_f)G(J_m+J_f)}=2.11$kN·m	
绕弱轴回转半径	$r_m=\frac{l}{1.2\pi}\sqrt{\frac{M_{cr}}{EZ_{em}}}=20.91$mm	$r_f=\frac{l}{1.2\pi}\sqrt{\frac{M_{cr}}{EZ_{ef}}}=23.04$mm
等效长细比	$\lambda_m=\lambda_f=\frac{l}{(r_m+r_f)\sqrt{C_b}}=48.16$	
整体稳定抗弯强度	$F_{b\_m}=140.95$MPa	$F_{b\_f}=140.95$MPa
抗弯强度	$F_{cm}=\min(F_{c\_ma},F_{b\_mb},F_{b\_m})=140.95$MPa	$F_{cf}=\min(F_{c\_fa},F_{b\_fb},F_{b\_f})=140.95$MPa
整体稳定抗弯承载力	$M_{rx\_m}=\frac{F_{cm}Z_{em}}{\gamma_m}=3.03$kN·m	$M_{rx\_f}=\frac{F_{cf}Z_{ef}}{\gamma_m}=2.49$kN·m
计算系数	$C_{bm}=\frac{I_m+I_f}{I_m}=1.88$	$C_{bf}=\frac{I_m+I_f}{I_f}=2.14$
极限弯矩	$M_a=\min(C_{bm}M_{rx\_m},C_{bf}M_{rx\_f})=5.33$kN·m	
极限线荷载	$q_a=\frac{8M_a}{l^2}=5.72$kN/m	
极限风压	$W_a=\frac{\gamma_m q_a}{d}=6.99$kPa	

由表 7-14 可知:

(1) 首先考虑组合后公母立柱的性能,将公母立柱绕弱轴的惯性矩相加,并将其截面扭转常数相加,以此求出组合立柱的临界屈曲弯矩;

(2) 采用美国规范计算求得公母立柱各自绕弱轴的回转半径,并求组合后的等效长细比;

(3) 采用美国规范所得极限风压为 6.99kPa。

前述三种规范均是通过求解考虑公母立柱组合后的共同弹性临界弯矩，根据此临界弯矩分别求解公母立柱的等效长细比，之后把求得的回转半径相加，据此求出考虑公母立柱"扶持"作用后的稳定承载力。

将以上计算结果进行汇总见表 7-15。

表 7-15 修正计算方法计算结果汇总

承载能力	原计算方法/kPa	修正后计算方法/kPa	提高比例/%
中国规范	5.45	8.01	46.97
英国规范	4.59	7.35	60.13
美国规范	5.85	6.99	19.49

由表 7-15 可知：

（1）以往采用各国规范计算的开口型材的弹性失稳弯矩承载力过于保守；

（2）按照中国规范改进后的计算方法承载能力提高了 46.97%，按照英国规范改进后的计算方法承载能力提高了 60.13%，按照美国规范改进后的计算方法承载能力提高了 19.49%，改进后的计算方法可以较大幅度地提高开口截面铝合金型材的承载能力；

（3）由试验结果也可以对改进后的计算方法辅以验证，改进后的计算方法可以保证结构是安全可靠的。

7.3 小　　结

通过试验和改进中、英、美三国铝合金规范中计算方法，得出如下结论：

（1）由改进后的计算方法所得开口截面型材承载力与原计算方法所得承载力相比提高显著，可更为真实地反映开口截面型材的承载能力；

（2）通过与试验结果相比，改进后的计算方法是安全可靠的；

（3）通过计算分析和具体试验相结合的方法，对开口截面型材的稳定性分析进行了深入研究，实际应用中可对现有的计算方法进行修正，以达到较好地提高开口型材截面使用率的目的；

（4）改进后的计算方法为工程设计提供了一定的指导意义和参考价值。

参考文献

[1] 李玲燕. 呼吸式玻璃幕墙夹层温度影响因素的研究 [D]. 天津：天津大学，2008.

[2] 王荣光，沈天行，等. 可再生能源利用与建筑节能 [M]. 北京：机械工业出版社，2004.

[3] 江亿，林波荣，等. 住宅节能 [M]. 北京：中国建筑工业出版社，2006.

[4] 王振. 夏热冬冷地区双层皮玻璃幕墙的气候适应性设计策略研究 [D]. 武汉：华中科技大学，2004.

[5] 刘晶晶. 双层玻璃幕墙的节能设计研究 [D]. 北京：清华大学，2006.

[6] 沈祖炎，郭小农，李元齐. 铝合金结构研究现状简述 [J]. 建筑结构学报，2007，28（6）：100-109.

[7] 吴亚舸，张其林. 铝合金梁弯扭稳定系数的试验研究及数值分析 [J]. 建筑结构学报，2006，27（5）：1-8.

[8] 张其林，季俊，杨联萍，等. 《铝合金结构设计规范》的若干重要概念和研究依据 [J]. 建筑结构学报，2009，30（5）：1-12.

[9] 罗小燕，王志骞，王鹏军，等. 工字形铝合金偏心压杆平面内稳定承载力研究 [J]. 西安交通大学学报，2004，38（11）：1207-1210.

[10] 张铮，张其林. H形截面铝合金压弯构件平面内稳定承载力的试验及理论研究 [J]. 建筑结构学报，2006，27（5）：9-15.

[11] 石永久，王元清，程明，等. 铝合金薄腹板梁的抗剪强度分析 [J]. 工程力学，2010，27（9）：69-73.

[12] 石永久，程明，王元清. 铝合金受弯构件变形性能的非线性分析 [J]. 四川大学学报（工程科学版），2006，38（1）：10-14.

[13] 石永久，程明，王元清. 铝合金受弯构件整体稳定性的试验研究 [J]. 土木工程学报，2007，40（7）：37-43.

[14] 施刚，罗翠，王元清，等. 铝合金网壳结构中新型铸铝节点受力性能试验研究 [J]. 建筑结构学报，2012，33（3）：70-79.

[15] 翟希梅，吴海，王誉瑾，等. 铝合金轴心受压构件的稳定性研究与数值模拟 [J]. 哈尔滨工业大学学报，2011，43（12）：1-6.

[16] HILL H N, Clark J W. Lateral buckling of eccentrically loaded I-section columns [J]. Journal of Transportation Engineering，ASCE，1951，116（1）：1179-1191.

[17] CLARK J W，ROLF R L. Buckling of aluminum columns, plates and beams [J]. Journal of structural Division，ASCE，1966，92（3）：17-38.

[18] MAZZOLANI F M，PILUSO V. Prediction of the rotation capacityof aluminum alloy beams [J]. Thin-walled structures，1997，27（1）：103-116.

[19] MATTEIS G D，MOEN L A，LANGSETH M，et al. Cross-sectional classification for aluminum beams-parametric study [J]. Journal of structural engineering，2001，127（3）：271-279.

[20] SHAH S P. Architecture expression and low energy design [J]. Renewable Energy，1998，15（1-4）：32-41.

[21] 刘韬，顾平道，魏世雄. 热通道玻璃幕墙热工性能的 CFD 数值模拟 [J]. 东华大学学报（自然科学版），2008，34（4）：486-489.

[22] 张桂先，陈立东，丁鸥. CFD 流体模型在双层换热幕墙传热分析中的应用 [J]. 工程建设与设计，2003（9）：4-7.

[23] 朱清宇，杜国付，邹瑜. 内呼吸玻璃幕墙综合传热系数 CFD 模拟计算 [J]. 暖通空调，2005，35（6）：101-106.

[24] CHAN A. L. S, CHOW T. T, FONG K. F, et al. Invsetigation on energy performance of double skin facade in Hong Kong [J]. Energy and Buildings, 2009, 10 (41): 1135-1142.

[25] 刘猛. 绿色建筑透明围护结构性能研究 [D]. 上海：同济大学，2009.

[26] FALLAHI A, HAGHIGHAT F, ELSADI F. Energy performance assessment of double-skin facade with thermal mass [J]. Energy and Buildings, 2010, 42 (9): 1499-1509.

[27] SHAMERI M. A, ALGHOUL M. A, SOPIAN K, et al. Perspectives of double skin facade systems in buildings and energy saving [J]. 2011, 15 (3): 1468-1475.

[28] Rayment. Energy savings from sealed double and heat reflecting glazing units [J]. Building Services Engineering Reseacrh&Technology, 1989, 10 (3): 691-697.

[29] OESTERLE E, LIEB R D, Lutz, et al. Double Skin Facade-Intergrated Planning Munich [J]. New York: Prestel, 2001, 22 (1): 53-79.

[30] Jorn von Grabe. A prediction tool for the temperature field of double facades [J]. Energy and Bulidings, 2002, 34 (9): 891-899.

[31] ZALLNER A, WINTER E. R. F. Expermental studies of combined heat transfer in turbulent mixed convection fluid flows in double-skin facades [J]. International Journal of Heat and Mass Transfer, 2002, 45 (22): 4401-4408.

[32] YILMAZ Z, CETINTAS F. Double skin facades effects on heat losses otottice buildings in Instanbul [J]. Energy and Bulidings, 2005, 22 (37): 691-697.

[33] GRATIA E, HERDE A D. Green house effect in double-skin facade [J]. Energy and Buildings, 2007, 39 (2): 199-211.

[34] HASHMI N, FAYAZ R, SARSHAR M. Thermal behaviour of a ventilated double skin facade in hot arid climate [J]. Energy and Buildings, 2010, 42 (10): 1823-1832.

[35] 卢旦，楼文娟，邹瑜. 双幕墙建筑通风性能的数值模拟研究 [J]. 浙江大学学报（工学版），2005，39（1）：46-50.

[36] 楼文娟. 圆形建筑双幕墙风荷载特性试验 [J]. 华中科技大学学报，2009，37（5）：90-93.

[37] 李荣敏，顾建明. 玻璃幕墙热通道内气流组织的模拟与分析 [J]. 暖通空调，2007，37（1）：23-28.

[38] 丁勇，李百战，刘红. 重庆某双层皮外围护结构通风效果测试及分析 [J]. 暖通空调，2007，8（37）：42-45.

[39] XU X L, YANG Z. Natural ventilation in the double skin facade with venetian blind [J]. Energy and Buildings, 2008, 40 (8): 1498-1504.

[40] SAELENS D. Energy Performance assessment of multiple-shin facade [D]. Leuven Laboratory for Building Physics, Department of Civil Engineering, Catholic university of Leuven, 2002.

[41] PASQUAY T. Nature ventilation in high-rise buildings with double facades, save or wast of energy [J]. Energy and Buildings, 2004, 36 (4): 381-389.

[42] DING W, HASEMI Y, YAMADA T. Natural ventilation performance of a double-skin facade with a solar chimney [J]. Energy and Buildings, 2005, 37 (5): 411-418.

[43] ISMAIL K. A. R, HENRIQUEZ J. R. Two-dimensional model for the double glass naturally ventilated window [J]. International Journal of Heat and Mass Transfer. 2005, 48 (3-4): 461-475.

[44] GRATIA E, HERDE A D. Guidelines for improving natural daytime ventilation in an office building with a double-skin facade [J]. Solar Energy, 2007, 81 (4): 435-448.

[45] EI-SADI H, HAGHIGHAT F, FALLAHI A. CFD Analysis of Turbulent Natural Ventilation in Double-Skin Facade: Thermal Mass and Energy Efficency [J]. Journal of Energy Engineering, 2010, 136 (3): 68-75.

[46] MINGOTTI N, CHENVIDYAKARN T, WOODS A W. The fluid mechanics of the nature ventilation of a narrow-cavity double-skin facade [J]. Building and Environment, 2011, 46 (4): 807-823.

[47] 钱发. 双层皮玻璃幕墙通风性能研究 [D]. 重庆: 重庆大学, 2011.

[48] 唐珠创, 陈海, 郭金基, 等. 热通道幕墙进出风口局部阻力系数实测与分析 [J]. 机床与液压, 2008, 36 (11): 54-57.

[49] ZHOU J, CHEN Y M. A review on applying ventilated double-skin facade to builindings in hot-summer and cold-winter zone in China [J]. Renewable and Sustainable Energy Reviews, 2010, 14 (3): 1321-1328.

[50] HOSEGGEN R, WACHEFELDT B. J, HANSSEN S. O. Building simulation as an assisting tool in decision making Case study: With or without a double-skin facade [J]. Energy and Buildings, 2008: 40 (5): 821-827.

[51] STEC W. J, VAN PAASSEN A. H. C, MAZIARZ A. Modelling the double skin facade with plants [J]. Energy and Buildings, 2005, 44 (1): 429-427.

[52] GRATIA E, HERDE A D. The most efficient position of shading devices in a double-skin facade [J]. Energy and Buildings, 2007, 39 (3): 364-373.

[53] WANG P. C, PRASAD D, BEHNIA M. A new type of double-skin facade configuration for the hot and humid climate [J]. Energy and Buildings, 2008, 40 (10): 1941-1945.

[54] HASSE M, MARQUESDA SILVA F, AMATO A. Simulation of ventilated facades in hot and humid climates [J]. Energy and Buildings, 2009, 41 (4): 361-373.

[55] 姜清海, 陈海, 郭金基, 等. 双层幕墙热气流有限分析计算软件及应用 [J]. 机电工程技术, 2005, 34 (1): 79-81.

[56] 王汉清, 陈裕, 寇广孝, 等. 通风双层幕墙模拟方法研究进展及探讨 [J]. 建筑热能通风空调, 2008, 27 (5): 19-22.

[57] GAN G. Thermal transmittance of multiple glazing: computional fluid dynamics prediction. Applied Thermal Engineering, 2001, 21 (15): 1583-1592.

[58] ZOLLNER A, WINTER E R F, Viskanta R. Experimental studies of combined heat transfer in turbulent mixed convection fluid flows in double-skin-facades [J]. International Journal of Heat and Mass Transfer, 2002, 45 (22): 4401-4408.

[59] MANZ H. Numerical simulation of heat transfer by natural onvection in cavities of facade elements [J]. Energy and Buildings, 2003, 35 (3): 305-311.

[60] MANZ H. Total solar energy transmittance of glass double facades with free convection [J]. Energy and Buildings, 2004, 36 (2): 127-136.

[61] MANZ H. Airflow patterns and thermal behavior of mechanically ventilated glass double facades [J]. Building and environment, 2004, 39 (9): 1023-1033.

[62] PARK C, AUGENBROE G, MESSADI T, et al. Calibration of a lumped simulation model for

double-skin facade systems［J］. Energy and buildings，2004，36（11）：1117-1130.

［63］GRATIA E，ANDRE H. Natural ventilation in a double-skin facade［J］. Energy andBuildings，2004，36（2）：137-146.

［64］SAELENS D. Energy Performance assessment of multiple-skin facades［D］. Leuven：Laboratory for Building Physics，epartment of Civil Engineering，Catholic university of Leuven，2002.

［65］STEC W J，PAASSEN A H C. Symbiosis of the double skin facade with the HVAC system［J］. Energy and Buildings，2005，37（5）：461-469.

［66］PASQUAY T. Natural ventilation in high-rise buildings with double facades，saving or waste of energy［J］. Energy and Buildings，2004，36（4）：381-389.

［67］CETINER I，OZKAN E. An approach for the evaluation of energy and cost efficiency of glass facades［J］. Energy and Buildings，2005，37（6）：673-684.

［68］中华人民共和国住房和城乡建设部. 建筑门窗玻璃幕墙热工计算规程：JGJ/T 151—2008［S］. 北京：中国建筑工业出版社，2008.

［69］中华人民共和国住房和城乡建设部. 建筑玻璃应用技术规程：JGJ 113—2015［S］. 北京：中国建筑工业出版社，2015.

［70］中华人民共和国国家质量监督检验检疫总局，中国国家标准化管理委员会. 中空玻璃稳态U值（传热系数）的计算及测定：GB/T 22476—2008［S］. 北京：中国标准出版社，2008.

［71］GB 50429—2007 铝合金结构设计规范［S］.

［72］BS 8118：part 1：1991 Structural use of aluminium［S］.

［73］Aluminum design manual 2010［S］.